技工院校"十四五"规划计算机广告制作专业系列教材
中等职业技术学校"十四五"规划艺术设计专业系列教材

广告设计图像后期处理
（Photoshop）

邱悦 曾铮 曾洁 李志英 主编

潘泳贤 欧阳敏琪 陈冰 副主编

U0334034

华中科技大学出版社
http://www.hustp.com
中国·武汉

内容提要

　　本书从 Adobe Photoshop 2020 新增功能、色彩和图像的基本知识等 Adobe Photoshop 2020 入门知识介绍入手，通过 Adobe Photoshop 2020 基本操作，Adobe Photoshop 2020 图像基本编辑，路径、矢量绘图，蒙版与通道，高级功能和实战应用六个项目的技能实训，以及丰富的案例分析与讲解，帮助学生从整体上认知 Adobe Photoshop 2020 软件的操作方法，并在此基础上通过具体的学习任务案例，按照难度与复杂程度，实现 Adobe Photoshop 2020 软件实践操作从简单到复杂的系统学习应用。同时，在学习任务中引导学生熟练应用 Adobe Photoshop 2020 软件中的各类工具和命令，结合课后作业巩固课堂任务中所学内容。

图书在版编目（CIP）数据

广告设计图像后期处理：Photoshop / 邱悦等主编 . — 武汉：华中科技大学出版社，2022.6
ISBN 978-7-5680-8311-9

Ⅰ.①广… Ⅱ.①邱… Ⅲ.①图像处理软件 Ⅳ.① TP391.413

中国版本图书馆 CIP 数据核字 (2022) 第 103144 号

广告设计图像后期处理（Photoshop）
Guanggao Sheji Tuxiang Houqi Chuli（Photoshop）

邱悦 曾铮 曾洁 李志英　主编

策划编辑：金　紫

责任编辑：陈　忠

责任校对：周怡露

装帧设计：金　金

责任监印：朱　玢

出版发行：华中科技大学出版社（中国·武汉）　　　电　　话：（027）81321913

　　　　　武汉市东湖新技术开发区华工科技园　　　邮　　编：430223

录　　排：天津清格印象文化传播有限公司

印　　刷：湖北新华印务有限公司

开　　本：889mm×1194mm　1/16

印　　张：10

字　　数：324 千字

版　　次：2022 年 6 月第 1 版第 1 次印刷

定　　价：59.80 元

技工院校"十四五"规划计算机广告制作专业系列教材
中等职业技术学校"十四五"规划艺术设计专业系列教材
编写委员会名单

● 编写委员会主任委员

文健（广州城建职业学院科研副院长）

叶晓燕（广东省城市技师学院环境设计学院院长）

周红霞（广州市工贸技师学院文化创意产业系主任）

黄计惠（广东省轻工业技师学院工业设计系教学科长）

罗菊平（佛山市技师学院艺术与设计学院副院长）

吴建敏（东莞市技师学院商贸管理学院服装设计系主任）

赵奕民（阳江市第一职业技术学校教务处主任）

宋雄（广州市工贸技师学院文化创意产业系副主任）

张倩梅（广东省城市技师学院文化艺术学院院长）

吴锐（广州市工贸技师学院文化创意产业系广告设计教研组组长）

汪志科（佛山市拓维室内设计有限公司总经理）

林姿含（广东省服装设计师协会副会长）

蔡建华（山东技师学院环境艺术设计专业部专职教师）

石秀萍（广东省粤东技师学院工业设计系副主任）

● 编委会委员

陈杰明、梁艳丹、苏惠慈、单芷颖、曾铮、陈志敏、吴晓鸿、吴佳鸿、吴锐、尹志芳、陈思彤、曾洁、刘毅艳、杨力、曹雪、高月斌、陈矗、高飞、苏俊毅、何淦、欧阳敏琪、张琮、冯玉梅、黄燕瑜、范婕、杜聪聪、刘新文、陈斯梅、邓卉、卢绍魁、吴婧琳、钟锡玲、许丽娜、黄华兰、刘筠烨、李志英、许小欣、吴念姿、陈杨、曾琦、陈珊、陈燕燕、陈媛、杜振嘉、梁露茜、何莲娣、李谋超、刘国孟、刘芊宇、罗泽波、苏捷、谭桑、徐红英、阳彤、杨殿、余晓敏、刁楚舒、鲁敬平、汤虹蓉、杨嘉慧、李鹏飞、邱悦、冀俊杰、苏学涛、陈志宏、杜丽娟、阳丽艳、黄家岭、冯志瑜、丛章永、张婷、劳小芙、邓梓艺、龚芷玥、林国慧、潘启丽、李丽雯、赵奕民、吴勇、刘洁、陈玥冰、赖正媛、王鸿书、朱妮迈、谢奇肯、杨晓玲、吴滨、胡文凯、刘灵波、廖莉雅、李佑广、曹青华、陈翠筠、陈细佳、代蕙宁、古燕苹、胡年金、荆杰、李津真、梁泉、吴建敏、徐芳、张秀婷、周琼玉、张晶晶、李春梅、高慧兰、陈婕、蔡文静、付盼盼、谭珈奇、熊洁、陈思敏、陈翠锦、李桂芳、石秀萍、周敏慧、邓兴兴、王云、彭伟柱、马殷睿、汪恭海、李竞昌、罗嘉劲、姚峰、余燕妮、何蔚琪、郭咏、马晓辉、关仕杰、杜清华、祁飞鹤、赵健、潘泳贤、林卓妍、李玲、赖柳燕、杨俊龙、朱江、刘珊、吕春兰、张焱、甘明坤、简为轩、陈智盖、陈佳宜、陈义春、孔百花、何旭、刘智志、孙广平、王婧、姚歆明、沈丽莉、施晓凤、王欣苗、陈洁冬、黄爱莲、郑雁、罗丽芬、孙铁汉、郭鑫、钟春琛、周雅靓、谢元芝、羊晓慧、邓雅升、阮燕妹、皮添翼、麦健民、姜兵、童莹、黄汝杰、薛晓旭、陈聪、邝耀明

● 总主编

文健，教授，高级工艺美术师，国家一级建筑装饰设计师。全国优秀教师，2008 年、2009 年和 2010 年连续三年获评广东省技术能手。2015 年被广东省人力资源和社会保障厅认定为首批广东省室内设计技能大师，2019 年被广东省教育厅认定为建筑装饰设计技能大师。中山大学客座教授，华南理工大学客座教授，广州大学建筑设计研究院室内设计研究中心客座教授。出版艺术设计类专业教材 120 种，拥有具有自主知识产权的专利技术 130 项。主持省级品牌专业建设、省级实训基地建设、省级教学团队建设 3 项。主持 100 余项室内设计项目的设计、预算和施工，项目涉及高端住宅空间、办公空间、餐饮空间、酒店、娱乐会所、教育培训机构等，获得国家级和省级室内设计一等奖 5 项。

● 合作编写单位

（1）合作编写院校

广州市工贸技师学院	广州市蓝天高级技工学校
佛山市技师学院	茂名市交通高级技工学校
广东省城市技师学院	广州城建技工学校
广东省轻工业技师学院	清远市技师学院
广州市轻工技师学院	梅州市技师学院
广州白云工商技师学院	茂名市高级技工学校
广州市公用事业技师学院	汕头技师学院
山东技师学院	广东省电子信息高级技工学校
江苏省常州技师学院	东莞实验技工学校
广东省技师学院	珠海市技师学院
台山敬修职业技术学校	广东省机械技师学院
广东省国防科技技师学院	广东省工商高级技工学校
广州华立学院	深圳市携创高级技工学校
广东省华立技师学院	广东江南理工高级技工学校
广东花城工商高级技工学校	广东羊城技工学校
广东岭南现代技师学院	广州市从化区高级技工学校
广东省岭南工商第一技师学院	肇庆市商业技工学校
阳江市第一职业技术学校	广州造船厂技工学校
阳江技师学院	海南省技师学院
广东省粤东技师学院	贵州省电子信息技师学院
惠州市技师学院	广东省民政职业技术学校
中山市技师学院	广州市交通技师学院
东莞市技师学院	广东机电职业技术学院
江门市新会技师学院	中山市工贸技工学校
台山市技工学校	河源职业技术学院
肇庆市技师学院	山东工业技师学院
河源技师学院	深圳市龙岗第二职业技术学校

（2）合作编写组织

广州市赢彩彩印有限公司
广州市壹管念广告有限公司
广州市璐鸣展览策划有限责任公司
广州波错展览设计有限公司
广州市风雅颂广告有限公司
广州质本建筑工程有限公司
广东艺博教育现代化研究院
广州正雅装饰设计有限公司
广州唐寅装饰设计工程有限公司
广东建安居集团有限公司
广东岸芷汀兰装饰工程有限公司
广州市金洋广告有限公司
深圳市千千广告有限公司
广东飞墨文化传播有限公司
北京迪生数字娱乐科技股份有限公司
广州易动文化传播有限公司
广州市云图动漫设计有限公司
广东原创动力文化传播有限公司
菲逊服装技术研究院
广州珈钰服装设计有限公司
佛山市印艺广告有限公司
广州道恩广告摄影有限公司
佛山市正和凯歌品牌设计有限公司
广州泽西摄影有限公司
Master 广州市熳大师艺术摄影有限公司

序 言

　　技工教育和中职中专教育是中国职业技术教育的重要组成部分，主要承担培养高技能产业工人和技术工人的任务。随着"中国制造2025"战略的逐步实施，建设一支高素质的技能人才队伍是实现规划目标的必备条件。如今，国家对职业教育越来越重视，技工和中职中专院校的办学水平已经得到很大的提高，进一步提高技工和中职中专院校的教育、教学和实训水平，提升学生的职业技能，弘扬和培育工匠精神，已成为技工院校和中职中专院校的共同目标。而高水平专业教材建设无疑是技工院校和中职中专院校教育特色发展的重要抓手。

　　本套规划教材以国家职业标准为依据，以综合职业能力培养为目标，以典型工作任务为载体，以学生为中心，根据典型工作任务和工作过程设计教学项目和学习任务。同时，按照工作过程和学生自主学习的要求进行内容设计，实现理论教学与实践教学合一、能力培养与工作岗位对接合一、实习实训与顶岗工作合一。

　　本套规划教材的特色在于，在编写体例上与技工院校倡导的"教学设计项目化、任务化，课程设计教、学、做一体化，工作任务典型化，知识和技能要求具体化"紧密结合，体现任务引领实践的课程设计思想，以典型工作任务和职业活动为主线设计教材结构，以职业能力培养为核心，将理论教学与技能操作相融合作为课程设计的抓手。本套规划教材在理论讲解环节做到简洁实用、深入浅出；在实践操作训练环节体现以学生为主体的特点，创设工作情境，强化教学互动，让实训的方式、方法和步骤清晰，可操作性强，并能激发学生的学习兴趣，促进学生主动学习。

　　本套规划教材由全国50余所技工院校和中职中专院校广告设计专业共60余名一线骨干教师与20余家广告设计公司一线广告设计师联合编写。校企双方的编写团队紧密合作，取长补短，建言献策，让本套规划教材更加贴近专业岗位的技能需求，也让本套规划教材的质量得到了充分的保证。衷心希望本套规划教材能够为我国职业教育的改革与发展贡献力量。

技工院校"十四五"规划计算机广告制作专业系列教材

中等职业技术学校"十四五"规划艺术设计专业系列教材　总主编

教授 / 高级技师 文健

2021 年 5 月

前言

　　人们在欣赏日常生活中的广告时，往往会被广告中的创意版式、亮丽色彩、富有个性化的字体吸引，然而这些视觉效果通常需要通过后期的设计与处理才能实现。广告设计图像后期处理（Photoshop）是广告设计专业的必修课程，也是创作者将自己的设计构思转换成能被受众群体感知的视觉符号的重要手段之一。

　　本书的编写遵从了技工院校一体化教学教材的体例，通过典型的学习任务引导学生对 Photoshop 软件的关键技能点和知识点进行学习和训练，体现任务引领实践导向的课程设计思想。本书在理论讲解环节做到简洁实用，深入浅出；在实践操作训练环节，体现以学生为主体，创设工作情境，强化教学互动，让实训的方式、方法和步骤清晰，可操作性强，适合技工院校学生练习，并能激发学生的学习兴趣，调动学生主动学习。

　　本书从 Adobe Photoshop 2020 新增功能、色彩和图像的基本知识等 Adobe Photoshop 2020 入门知识介绍入手，通过 Adobe Photoshop 2020 基本操作，Adobe Photoshop 2020 图像基本编辑，路径、矢量绘图，蒙版与通道，高级功能和实战应用六个项目的技能实训，以及丰富的案例分析与讲解，帮助学生从整体上认知 Adobe Photoshop 2020 软件的操作方法，并在此基础上通过具体的学习任务案例，按照难度与复杂程度，实现 Adobe Photoshop 2020 软件实践操作从简单到复杂的系统学习应用。同时，在学习任务中引导学生熟练应用 Adobe Photoshop 2020 软件中的各类工具和命令，结合课后作业，巩固课堂任务中所学内容。本书图文并茂地讲解了 Adobe Photoshop 2020 软件各类工具的用法，条理清晰，注重理论与实践的结合，每一个项目都有相关的具体学习任务，可以帮助学生更好地掌握 Adobe Photoshop 2020 软件，并形成系统、综合的软件应用能力。

　　本书的编写得益于广州华立学院的邱悦老师、广州市轻工技师学院的曾铮老师、佛山市技师学院的曾洁老师、广东省技师学院的李志英老师、中山市技师学院的潘泳贤老师以及广州市工贸技师学院的欧阳敏琪老师和陈冰老师的通力合作。同时也要感谢为本书提供摄影素材的广州华立学院梁思聪老师、长春教育学院赵光辉老师。本书融入了各位设计专业优秀教师的丰富商业实战经验和专业教学体会。由于编者的学术水平有限，本书可能存在一些不足之处，敬请读者批评指正。

邱 悦
2022.2.17

课时安排（建议课时 58）

项目	课程内容		课时	
项目一 Adobe Photoshop 2020 入门知识介绍	学习任务一	Adobe Photoshop 2020 新增功能	1	4
	学习任务二	色彩的基础知识	1	
	学习任务三	图像的基础知识	2	
项目二 Adobe Photoshop 2020 基本操作实训	学习任务一	熟悉 Adobe Photoshop 2020 界面	1	4
	学习任务二	查看图像	1	
	学习任务三	设置工作区	1	
	学习任务四	使用辅助工具	1	
项目三 Adobe Photoshop 2020 图像基本编辑实训	学习任务一	选区与填色	4	12
	学习任务二	图层	4	
	学习任务三	文字	4	
项目四 路径、矢量绘图实训	学习任务一	了解绘图模式及其特征	2	10
	学习任务二	钢笔工具的绘图与编辑	4	
	学习任务三	形状工具	4	
项目五 蒙版与通道实训	学习任务一	蒙版、通道总览	2	16
	学习任务二	矢量蒙版	4	
	学习任务三	剪切蒙版	4	
	学习任务四	图层蒙版	4	
	学习任务五	编辑通道	2	
项目六 高级功能篇	学习任务一	滤镜	2	8
	学习任务二	动作	2	
	学习任务三	关于 Web 图形	2	
	学习任务四	3D 与技术成像	2	
项目七 实战应用篇	logo 设计实训		4	4

目　录

项目一

Adobe Photoshop 2020 入门知识介绍

学习任务一

Adobe Photoshop 2020 新增功能

教学目标

（1）专业能力：了解 Adobe Photoshop 2020 的新增功能。

（2）社会能力：具备一定的软件操作能力。

（3）方法能力：学以致用，加强实践，通过对 Adobe Photoshop 2020 新增功能的介绍，使学生掌握软件运用过程中更加便捷、快速、准确的操作方法，提高绘图速度。

学习目标

（1）知识目标：熟悉 Adobe Photoshop 2020 的主要功能。

（2）技能目标：能够将 Adobe Photoshop 2020 的新增功能应用到设计实践中。

（3）素质目标：能通过新增功能的图示对比，思考设计创新的方法和途径。

教学建议

1. 教师活动

（1）教师前期收集由 Adobe Photoshop 软件完成的优秀设计创意作品，运用多媒体课件、教学视频等多种教学手段，进行作品赏析和软件技术要点讲授。

（2）教师讲解和示范 Adobe Photoshop 软件新版本与以往版本的区别。

2. 学生活动

（1）认真听课，观看作品，加强对logo、UI、网页设计作品的感知，学会欣赏，积极大胆地表达自己的看法，与教师形成良好的互动。

（2）认真观看和聆听教师讲解、示范 Adobe Photoshop 2020 软件版本的新增功能，并在教师的指导下进行实训练习。

一、学习问题导入

各位同学，大家好！今天我们一起来学习 Adobe Photoshop 2020 图形图像处理软件。Photoshop 是由 Adobe 公司开发的一款集图像编辑、图像合成、校色调色及特效制作于一体的软件，是制作广告创意设计作品的常用软件。本次学习任务将了解 Adobe Photoshop 2020 软件的新增功能，这些功能能够帮助我们更高效、更便捷地完成广告设计作品。

二、学习任务讲解

1. Adobe Photoshop 2020 新增功能介绍

Adobe Photoshop 2020 作为一款图形图像处理软件，与之前的版本相比，在图标、启动界面以及内部工具的一些细节上发生了较大变化，下面我们一起来了解该软件的变化。

（1）软件图标的变化。

如图 1-1 所示，Adobe Photoshop CC 2019 与 Adobe Photoshop 2020 两个版本的 logo 图标在外形上发生了变化，将原来 2019 版本的方形边界的四个直角进行了圆角处理，里面的 Ps 字样也由蓝色变为白色。另外，新版本的命名方式也有变化，不再采用 CC+ 年代号的命名方式，而是直接叫做 Adobe Photoshop 2020。

（2）启动界面的新变化。

Adobe Photoshop 2020 的启动界面由之前的镜子小人变成现在的海底美人鱼，配合全新的 logo，让人耳目一新，如图 1-2 所示。

（3）文件存储功能变化——云文档。

如图 1-3 所示，云文档采用 Adobe 账号形式登录，每当按下 Ctrl+S 时自动弹出，整个过程有点像微软的 Office 云，以便与其他设备或设计师交换文件。在当前存储界面中，除了云文档，你也可以点击保存对话框里的【保存到云文档】，在两者之间来回切换。

（4）预设分组。

【预设】在新版本软件中变化很大，所有的预设都加入了分组，由文件夹划分，如渐变、图案、样式、色板、形状，相比以前版本条理更清晰。此外 Adobe Photoshop 2020 也在之前版本基础上，对预设库做了扩展，无论是色彩、形状、图案，都能找到很多与以前版本不一样的地方，有些无需追加就能直接体验，如图 1-4 和图 1-5 所示。

图 1-1

图 1-2

图 1-3

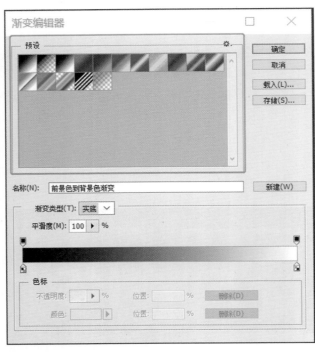

图 1-4

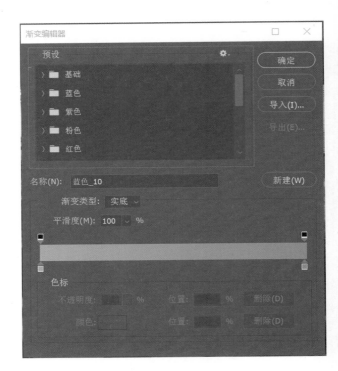

图 1-5

（5）自动抠图。

Adobe Photoshop 2020 在快速选择工具和魔棒工具中，加入了一项对象选择工具，通俗来说就是智能抠图，如图 1-6 所示。比如我们导入了一张"定身"法人物图片，点击【对象选择工具】，然后在图片中圈出人物的区域，稍等几秒后即可将人物抠出，如图 1-7 所示。Adobe Photoshop 2020 为这项工具提供了"矩形"和"套索"两组模式，可以根据实际物体形状加以选择。同时也可以利用 Shift 键和 Alt 键对选区进行叠加与编辑，配合对象选择完善抠图。不过这个智能抠图并不适合抠取那些边界不清或是带有毛发的复杂图形。

（6）变化工具更统一。

Photoshop 软件从 2019 版开始，变换工具就启用了一种全新模式。如使用 Ctrl+T 对元素进行自由变换时，即便没有按下 Shift 键，元素也是等比例缩放的。但这个变化并没有拓展到形状上，也就是说同样的一个等比例缩放操作，非矢量元素不用按下 Shift 键，而矢量元素则要按下 Shift 键，整个过程中设计师需要不停在两种思维之

图 1-6

图 1-7

间跳来跳去。而 Adobe Photoshop 2020 则将二者合二为一，无论是矢量元素还是非矢量元素，都可以不按 Shift 键直接完成等比例缩放。和 2019 版一样，如果你不喜欢这种模式，也可以点击【编辑】→【首选项】→【常规】→【使用旧版自由变换】，换回以前的版本。

（7）属性面板功能更强大。

现在绝大多数操作都可以在新版属性面板中找到。比如说文字面板，在 Adobe Photoshop 2020 中整合

了【字符】【段落】【变换】【文字选项】四组子功能，绝大多数操作都可以在属性面板中直接完成。而对比 Adobe Photoshop 2019，只有字符和部分段落功能，如图 1-8 所示。此外，Adobe Photoshop 2020 还增加了一些智能推荐功能，比方说最下方的【转换为图框】和【转换为形状】，可以帮助用户更快捷地完成接下来的操作，在条理化与智能化方面更加完善，如图 1-9 所示。

（8）智能对象到图层。

Adobe Photoshop 2020 的智能对象更加好用，以往我们在一个智能对象里添加元素后（比如文字、形状等），呈现在图层列表里的依旧是一个编辑完的状态。如果想再次编辑，需要双击智能对象。而 Adobe Photoshop 2020 则增加了一个将智能对象转换为图层的小功能，通过右击智能对象，选择【转换为图层】，Photoshop 可以将原智能对象里的元素编组，直接呈现在主图内，这样就不需要设计师在智能对象与主图之间跳来跳去了，如图 1-10 所示。

（9）转换功能更强大。

转换变形在 Photoshop 里应用很广，在以前的版本中我们通过四个角以及自动生成的十二个锚点对图形进行拖曳变形。Adobe Photoshop 2020 对这项功能进行了加强，首先是图形的拆分由以往固定的 3×3，变成了 3×3、4×4、5×5 可选，同时每个锚点上除了可以像以前一样直接拖曳外，又增加了调节手柄，可以更精准地对变形进行操作，如图 1-11 所示。此外也可以利用顶端工具栏，手工建立拆分线，来适应更复杂的变形场景。

 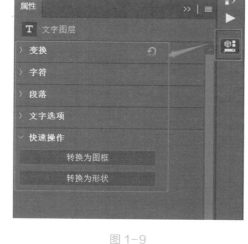

图 1-8　　　　　　　　　图 1-9

图 1-10

图 1-11

2. Adobe Photoshop 2020 新增功能实训练习

教师示范 Adobe Photoshop 2020 的新增功能，并指导学生进行新增功能的操作实训练习，让学生尽快熟悉这些功能和命令。

三、学习任务小结

通过本次学习任务，同学们初步了解了 Adobe Photoshop 2020 软件的新增功能：首先是界面图标的变化，其次在存储及软件内部的编辑工具细节上有不同程度的更新，对于图像的填充、图案、渐变色等都进行了细致的分组，对于图像的提取及变形处理也提供了便捷的方法，对于智能图层的转换编辑也有了更便捷的编辑方式。这些变化能让我们感受到 Photoshop 软件更加智能、人性化的操作方式。课后，同学们要通过大量的操作实践掌握这些新增功能，为快速、准确表达自己的设计创意提供有效的技术支撑。

四、课后作业

选取素材，练习自动抠图、智能对象到图层以及转换功能的应用。

学习任务 二　色彩的基础知识

教学目标

（1）专业能力：了解色彩在广告设计创意中的作用。

（2）社会能力：具备一定的色彩搭配能力。

（3）方法能力：色彩分析法、创新思维法。

学习目标

（1）知识目标：掌握色彩设计与搭配的基本知识。

（2）技能目标：能够从优秀的广告设计创意中总结色彩设计选用的方法和技巧。

（3）素质目标：具备一定的色彩分析和组合能力。

教学建议

1. 教师活动

（1）教师讲解色彩设计与搭配的知识点。

（2）教师通过对优秀广告设计作品进行色彩分析，讲解色彩设计的要点与方法。

2. 学生活动

（1）认真听课，观看作品，加强对色彩设计的认知。

（2）认真观察与分析优秀广告设计作品的色彩组合规律。

一、学习问题导入

各位同学，大家好！今天我们一起来学习广告设计图像后期处理 Photoshop 软件的色彩基础知识，Photoshop 软件在表达设计创意时，色彩的运用是其中的重点，色彩对设计创意主题的表达有着至关重要的作用，恰当运用色彩不仅可以丰富设计创意主题，而且可以使人产生情感联想和共鸣，强化设计创意。

二、学习任务讲解

1. 色彩的三属性

（1）色相。

色相是色彩最明显的特征，指色彩的本来相貌，也是色彩的名称，用以区分各种不同的颜色。除黑白灰外，所有色彩都有色相属性。色相是不同波长的颜色被人的视觉系统感觉到的结果。光谱上的红、橙、黄、绿、青、蓝、紫就是七种不同的色相，如图 1-12 所示。

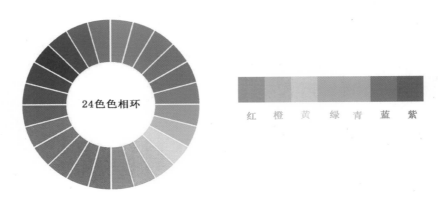

图 1-12

（2）明度。

明度指色彩的明亮程度，它取决于反射光的强弱。光线强时，色彩明亮，明度高；光线较弱时则感觉色彩较暗淡，明度低。明度最高的是白色，明度最低的是黑色，如图 1-13 所示。

图 1-13

（3）纯度。

纯度指色彩的纯净程度，也称色彩的饱和度。通常是以某色彩内含的同色纯色所占的比例来分辨色彩纯度的高低。纯色占有比例高，则色彩的纯度高；纯色含量少，则纯度低，如图 1-14 所示。黑白灰为无彩色，不存在纯度问题。

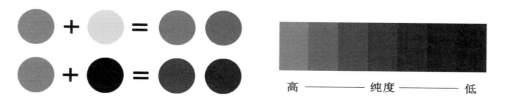

图 1-14

2. 原色、间色、复色

（1）原色。

原色也叫"三原色"和"一次色"，是色彩中不能再分解的基本色，即红、黄、蓝三种基本颜色，除极少数颜色外，大多数颜色都能用原色调配出来。

（2）间色。

间色又叫"二次色"，由两种原色混合而成。红＋黄＝橙，黄＋蓝＝绿，蓝＋红＝紫。二次色即橙、绿、紫。

（3）复色。

复色又叫"三次色"，是由原色与间色或两种间色混合配置出来的颜色，如橙＋紫＝橙紫，橙＋绿＝橙绿，绿＋紫＝绿紫。不断改变色彩的比例，能调出丰富的复色，我们在观察色彩时，一定要注意它的色彩倾向。与间色和原色相比，复色因为经过多次调和，含有灰的因素，所以较混浊。

原色、间色、复色如图 1-15 所示。

3. 色彩的对比

色彩的对比可分为同时对比和继续对比两类。同时对比指色彩的对比，是两种以上的色彩并置在一起所形成的对照现象。同时对比又分如下几种。

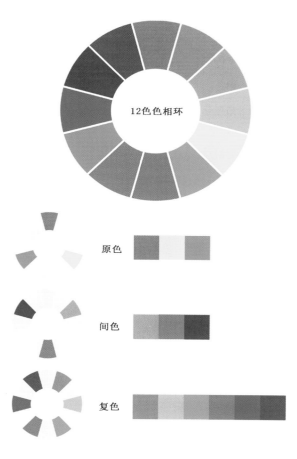

图 1-15

（1）色相对比：如果将两块相同的橙色分别放在黄色底上或红色底上，则红底上的橙色偏黄，黄底上的橙偏红。红绿并置，则红的更红，绿的更绿。

（2）明度对比：如果将两块灰色分别放置于黑底和白底上，黑底上的灰色显得亮，而白底上的灰色则显得暗。

（3）彩度对比：当鲜艳的颜色和灰暗的颜色并置时，鲜艳的颜色就会显得更鲜艳，灰暗的颜色变得更灰暗。

（4）冷暖对比：如橙色与蓝色并置，橙色会显得更暖，蓝色更冷。

（5）面积对比：面积不同的颜色并置，大面积的颜色容易形成基调，小面积的颜色易突出。

4. 色彩的联想

色彩本身并无感情，但可以唤起人们对某些事物的联想。联想是指由这一事物想到另一事物的心理过程，它是以过去的经验、记忆为基础的。由于民族、地区、职业、年龄、性别、文化程度等条件不同，各人的联想不相同。联想又分为具体联想与抽象联想。色彩的联想见表1-1。

表1-1　色彩的联想

颜色类别	颜色的具体联想	颜色的抽象联想
红色	太阳、血、红旗	热情、活力、热烈、喜庆
黄色	香蕉、柠檬、月亮	光明、希望、辉煌、欢快
橙色	橙子、鲜果	活力、高雅、激情
蓝色	天空、大海、水	安静、永恒、理智
绿色	树叶、田野、森林、草地	和平、希望、青春
紫色	薰衣草、晚霞	浪漫、迷情、神秘
黑色	夜晚、礼服、葬礼	恐惧、严肃、庄重
白色	阳光、白雪、婚纱	高贵、纯净、浪漫
灰色	工业产品、机械、职业服饰	儒雅、理智、低调

三、学习任务小结

通过本次学习任务，同学们初步了解了色彩的要素，即色相、明度、纯度的基本知识，以及色彩对比和联想。色彩本身并无感情，但可以唤起人们对某些事物的联想，从而产生不同的心理感受和审美体验。

四、课后作业

收集10幅优秀的广告创意设计作品进行色彩分析。

学习任务 三 图像的基础知识

教学目标

（1）专业能力：了解图像的基本知识。

（2）社会能力：能通过课堂师生问答、小组讨论，提升学生的表达与交流能力。

（3）方法能力：通过图示 + 案例讲解 + 实践操作练习，提升对 Adobe Photoshop 2020 软件的熟练程度，积累经验。

学习目标

（1）知识目标：能结合实际项目对 Adobe Photoshop 2020 相关选项进行恰当的设置。

（2）技能目标：能根据设计案例的实际应用情况调整软件中相关参数。

（3）素质目标：能通过鉴赏优秀广告创意设计作品，提高设计创意能力。

教学建议

1. 教师活动

（1）教师讲授 Adobe Photoshop 2020 软件的基本功能。

（2）教师示范 Adobe Photoshop 2020 软件的基本功能和操作方法，并指导学生实训。

2. 学生活动

（1）认真听教师讲授 Adobe Photoshop 2020 软件的基本功能。

（2）认真观看教师示范 Adobe Photoshop 2020 软件的基本功能和操作方法，并在教师的指导下进行实训。

一、学习问题导入

各位同学，大家好！今天我们一起来学习图像的基础知识。在进行图像后期处理前，需要掌握一些与图像处理相关的基础知识，如位图、矢量图、像素和分辨率、图像文件的常用格式等。只有掌握这些基础知识，才能够更加得心应手地完成作品的设计与制作。

二、学习任务讲解

1. 图像类型

（1）矢量图。

矢量图是由 Adobe Illustrator 等图形软件制作产生的，主要记录组成图形的线条和色块，如图 1-16 所示。例如一条线段的数据只需记录两个端点的坐标、线段的粗细和色彩等。其优点是文件比较小，图形放大和缩小时，与分辨率无关，不会失真，适合做企业的标识、图形设计、文字设计、一些标志设计和版式设计等。其缺点是绘制出来的图形色彩不够丰富，也不是很逼真。

（2）位图图像。

位图是由像素（pixel）组成的，它存储的是图像中每一个像素点的位置和颜色信息，如图 1-17 所示。像素是位图最小的信息单元，存储在图像栅格中。每个像素都具有特定的位置和颜色值。按从左到右、从上到下的顺序来记录图像中每一个像素的信息，如像素在屏幕上的位置、像素的颜色等。位图图像质量是由单位长度内像素的多少来决定的。单位长度内像素越多，分辨率越高，图像的效果越好。位图也称为"位图图像""点阵图像""数据图像""数码图像"。

位图图像是由 Adobe Photoshop 等图像软件制作产生的，它的优点是制作出来的图像色彩和色调十分丰富，可以逼真地表现自然界的景象。缺点是文件比较大，图形放大和缩小时，会产生失真现象。

图 1-16

图 1-17

2. 像素和分辨率

（1）像素。

在 Adobe Photoshop 2020 中，像素是组成位图图像的基本单位。它是一个小的方形的颜色块，当图像放大到足够大的时候，就可以看到图像越来越模糊，变成一个个方形的颜色块。一个颜色块就是一个像素。一幅位图图像通常由许多像素组成，单位面积内的像素越多，图像就越清晰，分辨率也就越高。

（2）分辨率。

分辨率是用于描述图像文件信息的术语。分辨率分为图像分辨率、屏幕分辨率和输出分辨率。图像分辨率是指图像中每英寸所包含的像素数 (ppi)。图像分辨率和图像尺寸决定文件的大小及输出质量，该值越大，图像文件所占用的磁盘空间越多，文件大小与其图像分辨率成正比。

屏幕分辨率是指显示器上每单位长度显示的像素数目。屏幕分辨率取决于显示器大小及其像素设置。在 Adobe Photoshop 2020 中，图像像素被直接转换成显示器像素，当图像分辨率高于屏幕分辨率时，屏幕中显示的图像比实际尺寸大。

输出分辨率又称设备分辨率，是指各类输出设备每英寸上可产生的点数，如显示器、喷墨打印机、激光打印机、绘图仪的分辨率。这种分辨率通过油墨点数 (dpi) 来衡量。目前，PC 显示器的设备分辨率为 60 ~ 120dpi，而打印设备的分辨率则为 360 ~ 1440dpi。

3. 色彩模式

在 Photoshop 软件中，色彩模式用于决定显示和打印图像的颜色类型，决定了如何描述和重现图像的色彩。常见的模式有 HSB(色相、饱和度、亮度)、RGB(红色、绿色、蓝色)、CMYK(青色、品红、黄色、黑色) 和 CIE Lab 等。另外，在 Photoshop 软件中还包括灰度、索引等用于颜色输出的模式。

（1）RGB 色彩模式。

RGB 色彩模式是最常使用的模式，这种模式采用红色、绿色和蓝色作为三原色，其他肉眼所看到的颜色都是由这三种颜色叠加形成的，因此该模式也叫加色模式。在该模式下，每一种原色将单独形成一个色彩通道，并且每个色彩通道使用 8 位颜色的信息，即该信息颜色的亮度有 0 ~ 255 个亮度值，通过这三个色彩通道的组合，可以产生 1670 余万种不同的颜色。

（2）CMYK 色彩模式。

CMYK 色彩模式是一种最佳的印刷模式，C 代表青色，M 代表品红，Y 代表黄色，K 代表黑色。与 RGB 色彩模式产生色彩的原理不同，CMYK 色彩模式是一种减色模式。这种模式的图像文件占用的存储空间较大，而且在这种模式下，Photoshop 中很多滤镜不能用，所以只有在印刷时才将图像模式转换为 CMYK 色彩模式。

（3）Lab 色彩模式。

Lab 色彩模式是以一个亮度分量 L(Lightness) 以及两个颜色分量 a 与 b 来表示颜色的。其中，L 的取值范围为 0 ~ 100，a 分量代表由绿色到红色的光谱变化，而 b 分量代表由蓝色到黄色的光谱变化，且 a 和 b 分量的取值范围均为 -120 ~ 120。由于该模式是目前所有模式中包含色彩最广的色彩模式，所以，它是 Photoshop 在不同色彩模式之间转换时使用的中间色彩模式。

（4）多通道模式。

多通道模式包含了多种灰阶通道，每一个通道均由 256 级灰阶组成。这种模式通常用来处理特殊打印需求，例如将某一灰阶图像以特殊色彩打印。如果删除了 RGB、CMYK 色彩模式中的某个通道，则该图像会自动转换为多通道模式。

（5）索引色彩模式。

索引色彩模式又叫图像映射色彩模式，这种模式的像素只有 8 位，即图像只有 256 种颜色。该模式在印刷中很少使用，但是，由于这种模式能大大减小图像文件的存储空间 (大约只有 RGB 色彩模式的 1/3)，因此，这种模式的图像多用于网页图像与多媒体图像。

（6）灰度色彩模式。

与黑白照片一样，一个灰度模式的图像只有明暗值，没有色相与饱和度这两种颜色信息，灰度色彩模式中只有灰度信息而没有彩色，Photoshop 将灰度图像看成只有一种颜色通道的数字图像。

4. 图像文件格式

（1）PSD 格式。

PSD 格式是 Photoshop 软件默认的存储文件类型。此格式不仅支持所有的色彩模式（位图、灰度、双色调、RGB、索引、CMYK、Lab 和通道），而且还可以将图层、通道、辅助线等保存在图像中，便于图像的再次调整、修改和编辑。该格式的优点是存储的信息多，缺点是文件较大。

（2）JPEG 格式。

JPEG 格式是一种应用非常广泛的文件格式，它支持 CMYK、RGB 和灰度模式，可以保存图像的路径，但不能保存 Alpha 通道。此格式是一种有损失的文件压缩格式，压缩级别越高，图像文件品质越差，文件也就越小。

（3）GIF 格式。

GIF 格式是由 CompuServe 提供的一种无损压缩的图像格式。此格式是 256 色 RGB 图像格式，文件尺寸小，支持透明背景，适合在网页中使用。另外，GIF 还可以是动画格式。

（4）TIFF 格式。

TIFF 格式是绝大多数扫描仪和图像软件都支持的一种文件格式。它采用无损压缩方式，支持包括一个 Alpha 通道的 RGB、CMYK、灰度模式，以及不含 Alpha 通道的 Lab、索引、位图模式，并且可以设置透明背景。

（5）PDF 格式。

PDF 格式是由 Adobe 公司推出的用于网上出版的一种文件格式。此格式支持超链接，因此网络下载经常使用这种文件格式。它支持 RGB、索引、CMYK、灰度、位图和 Lab 等色彩模式，不支持 Alpha 通道。

（6）BMP 格式。

BMP 格式可以被多种 Windows 和 OS/2 应用程序兼容。它采用的是无损压缩，因此图像完全不失真，但是图像文件尺寸较大。它支持 RGB、索引、灰度及位图等色彩模式，不支持 Alpha 通道。

三、学习任务小结

通过本次学习任务，同学们初步了解到图像处理过程中的图像包括矢量图和位图两种，与位图图像清晰度相关的因素包括像素和分辨率。分辨率又分为图像分辨率、屏幕分辨率和输出分辨率。在处理图像创建文档过程中，分辨率越高，单位长度上可显示的像素点就越多，图像也就越精细。同时，对于图像存储输出格式也分别讲述了不同格式的适用范围，PSD 格式作为软件默认的存储文件类型，是图像处理过程中最常用的格式，能够方便修改图像。日常用于图像浏览最常用的格式是 JPEG 格式，此种格式作为有损压缩的算法，压缩比越高，得到的图像质量越低，占用的存储空间也越小。

四、课后作业

收集广告创意设计作品进行对比，找出矢量图与位图的区别，体会并记住矢量图、位图的优点与缺点。

项目二
Adobe Photoshop
2020 基本操作实训

熟悉 Adobe Photoshop 2020 界面

教学目标

（1）专业能力：了解 Adobe Photoshop 2020 基本操作版面，并能进行简单操作。

（2）社会能力：能认识到位图的定义和原理。

（3）方法能力：具备一定的图形软件基础应用能力。

学习目标

（1）知识目标：了解 Adobe Photoshop 2020 软件的构成及其应用领域。掌握 Adobe Photoshop 2020 软件的基本操作方法。

（2）技能目标：能熟练操作 Adobe Photoshop 2020 软件的界面工具。

（3）素质目标：具备一定的软件操作能力和艺术审美能力。

教学建议

1. 教师活动

（1）教师通过示范操作新建文档，讲述位图的分辨率的基本知识。

（2）教师示范打开文档，讲述文档各类信息的说明。

（3）打开工作界面后，教师对界面的各部分作用进行讲解，并让学生对新建、打开等操作进行实操，教师巡堂辅导。

2. 学生活动

根据教师教授的相关内容对软件进行操作，进行新建、打开图像等基础操作训练。

一、学习问题导入

各位同学，大家好！本次任务我们一起学习 Adobe Photoshop 2020 图像制作软件的基本知识，着重介绍软件的基本界面，通过简单的操作让大家认识 Adobe Photoshop 2020 软件的基本使用方法。

二、学习任务讲解

1. 打开软件

双击屏幕上的 图标就可以打开 Adobe Photoshop 2020 软件。

2. 欢迎界面

打开软件后会出现一个欢迎界面，如图 2-1 所示。

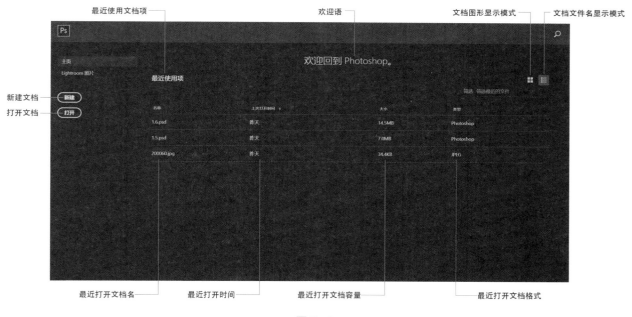

图 2-1

该界面是为了让用户更直观地使用软件。界面分为左右两个部分，左边 新建 是指新建文档， 打开 是指打开指定文档。右边部分是最近使用文档的快捷打开窗口，方便用户完成持续编辑的设计任务。

3. 新建文档

当需要新建设计项目的时候就需要点击 新建 按钮，点击后会出现一个设置控制面板，如图 2-2 所示。

（1）新建界面的设置。顶部是新建固定界面设置，设置里是各种 Photoshop 适用的场景，分别是打印、插画、照片、网页、移动设备和视频等标准格式。目的是方便用户快速新建标准界面。

（2）中间是自定义界面设置工具栏。这里包括自定义文档名以及文档尺寸、文档分辨率、背景颜色和色域等的设置。

（3）最下面是确定和取消新建文档按钮。

（4）位图的定义。位图图像（bit map），亦被称为点阵图像或栅格图像，是由称作像素（图片元素）的单个点组成的。这些点可以进行不同的排列和染色以构成图样。当放大位图时，可以看见构成整个图像的无数

最近使用的文档　新建标准照片　新建插画图纸　新建手机等移动设备尺寸
　　　　自定义常用文档　新建标准打印图纸　新建网页　新建视频标准尺寸

新建文档名
新建文档尺寸格式
新建文档尺寸
新文档方向
新文档分辨率
文档分辨率格式
文档颜色模式
背景颜色设置

最近使用的操作　　　　　　　　　确定新建文档　　取消新建文档

图 2-2

个方块，如图 2-3 所示。扩大位图尺寸的效果是增大单个像素，从而使线条和形状显得参差不齐。然而，如果从稍远的位置观看它，位图图像的颜色和形状又显得是连续的。数码相机拍摄的照片、扫描仪扫描的图片以及计算机截屏图等都属于位图。位图的特点是可以表现色彩的变化和颜色的细微过渡，产生逼真的效果，缺点是在保存时需要记录每一个像素的位置和颜色值，占用较大的存储空间。

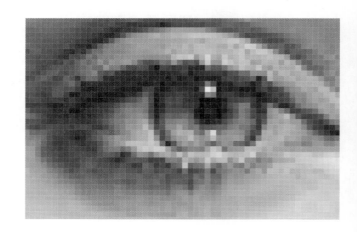

图 2-3

（5）图像分辨率。处理位图时，输出图像的质量取决于处理过程开始时设置的分辨率高低。分辨率是一个笼统的术语，它指一个图像文件中包含的细节和信息的大小，以及输入、输出或显示设备能够产生的细节程度。操作位图时，分辨率既会影响最后输出的质量，也会影响文件的大小。处理位图需要三思而后行，因为给图像选择的分辨率通常在整个过程中都伴随着文件。无论是在 300 dpi 的打印机还是在 2570dpi 的照排设备上印刷位图文件，文件总是以创建图像时所设的分辨率印刷，除非打印机的分辨率低于图像的分辨率。如果希望最终输出看起来和屏幕上显示的一样，那么在开始工作前，就需要了解图像的分辨率和不同设备分辨率之间的关系。显然矢量图就不必考虑这么多。

4. 打开已有文档

当我们需要在已有文档里编辑或者打开文档素材的时候就需要在欢迎界面里按 █打开█ 按钮，按了打开按钮后会出现打开面板，如图 2-4 所示。

界面打开后软件会在文档选取界面，右侧选项有小图预览，用户可根据小图进行选取。如果用户希望使用文件名和显示全面的文件信息，可按 ██ 按钮进入下拉式菜单，选取【详细信息】选项，如图 2-5 所示。

图 2-4

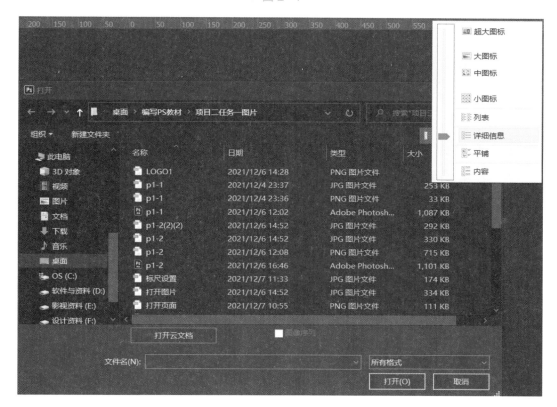

图 2-5

5. Photoshop 工作界面

打开资料图片进入软件的工作界面，如图 2-6 所示。

工作界面由上到下分为菜单栏、工具选项栏、标题栏、图像窗口和状态栏，其中图像窗口左右分别排列着工具栏和软件浮动窗口，如图 2-7 所示。

图 2-6

菜单栏　标题栏　工具选项栏　选项卡　文档窗口　　　　　　　　　　　　　　　浮动面板

工具箱

图像窗口

状态栏

图 2-7

三、学习任务小结

通过本次学习任务，同学们已经初步了解了 Adobe Photoshop 2020 软件的开启方法，以及如何新建和打开文档，同时也了解了 Adobe Photoshop 2020 软件的工作界面情况。课后，同学们要反复练习本次学习任务所学知识点和技能，进一步熟悉 Adobe Photoshop 2020 软件的基本操作方法。

四、课后作业

（1）每位同学学会安装 Adobe Photoshop 2020 软件。

（2）每位同学学会新建、打开文档，并能对工作界面的各部分进行说明。

学习任务 二　查看图像

教学目标

（1）专业能力：能放大或缩小窗口的显示比例，移动画面的显示区域，以便更好地观察和处理图像。

（2）社会能力：能全面或局部地观察图像。

（3）方法能力：理解图像的基础知识，训练学生观察图片的能力。

学习目标

（1）知识目标：掌握图像的基本知识，能在不同的屏幕模式下工作。

（2）技能目标：能在多个窗口中查看图像，并进行基本操作。

（3）素质目标：提高学生对软件学习的兴趣，增强学习信心。

教学建议

1. 教师活动

（1）教师演示基本的三种图形显示模式。

（2）演示在多个窗口中查看图像的操作方法。

（3）演示利用放大镜、抓手、导航器等方式查看图像的方法。

2. 学生活动

根据教师教授的相关内容对软件进行操作，进行放大、缩小、排列、移动查看等基础操作训练。

一、学习问题导入

各位同学，大家好！在操作 Adobe Photoshop 2020 软件进行图像编辑和处理的时候，经常会出现多张图片同时编辑的情况，图像来回切换会影响处理效率。因此，就需要利用适当的工具对多个文档进行查看。并且，图片还需要利用不同的工具进行放大、缩小、移动和旋转等操作，以便更加高效、快捷地完成图像编辑工作。本次学习任务我们就一起来学习查看图像的方法。

二、学习任务讲解

1. 在不同的屏幕模式下工作

单击工具箱底部的屏幕模式按钮 ，可以显示一组用于切换屏幕模式的按钮，包括标准屏幕模式按钮 、带有菜单栏的全屏幕模式 和全屏模式。

（1）标准屏幕模式：默认的屏幕模式，可以显示菜单栏、标题栏、滚动条和其他屏幕元素，如图 2-8 所示。

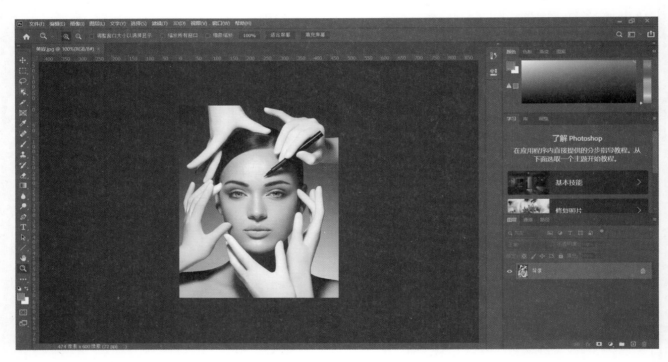

图 2-8

（2）带有菜单栏的全屏幕模式：显示有菜单栏和 50% 灰色背景，无标题栏和滚动条的全屏窗口，如图 2-9 所示。

（3）全屏模式：显示只有黑色背景，无标题栏、菜单栏和滚动条的全屏窗口，如图 2-10 所示。如果需要退出全屏模式，只要按键盘左上角的 Esc 键即可。

图 2-9

图 2-10

2. 在多个窗口中查看图像

如果同时打开了多个图像文件,可以通过【窗口】→【排列】下拉菜单中的命令控制各个文档窗口的排列方式,如图 2-11 所示。

(1)层叠:从屏幕的左上角到右下角以层叠的方式显示未停放的窗口,如图 2-12 所示。

全部垂直拼贴
全部水平拼贴
双联水平
双联垂直
三联水平
三联垂直
三联堆积
四联
六联
将所有内容合并到选项卡中

层叠(D)
平铺
在窗口中浮动
使所有内容在窗口中浮动

匹配缩放(Z)
匹配位置(L)
匹配旋转(R)
全部匹配(M)

为"美容1.jpg"新建窗口(W)

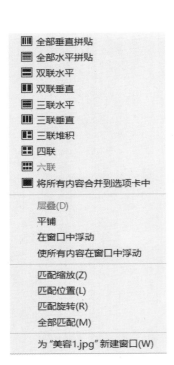

图 2-11

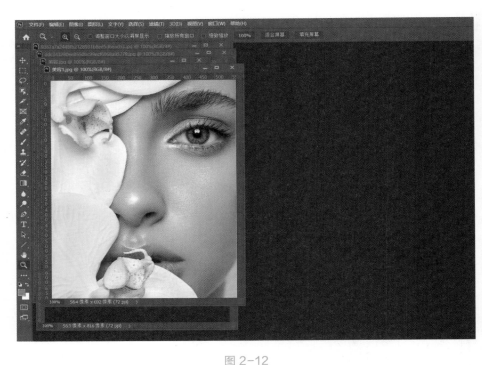

图 2-12

（2）平铺：以边靠边的方式显示窗口，关闭一个图像时，其他窗口会自动调整大小，以填满可用空间，如图 2-13 所示。

（3）在窗口中浮动：允许图像自由浮动（可拖动标题栏移动窗口），如图 2-14 所示。

（4）使所有内容在窗口中浮动：使所有文档窗口都浮动，如图 2-15 所示。

图 2-13

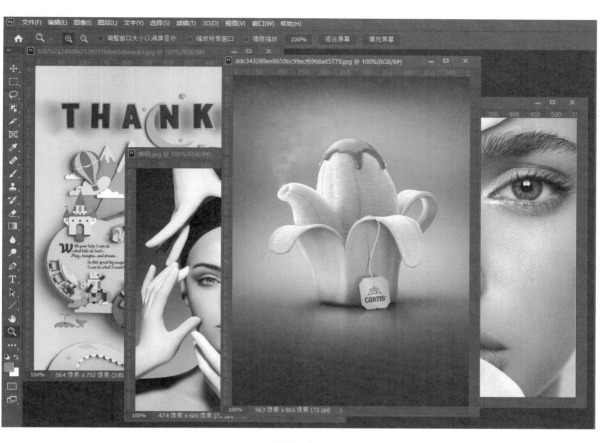

图 2-14

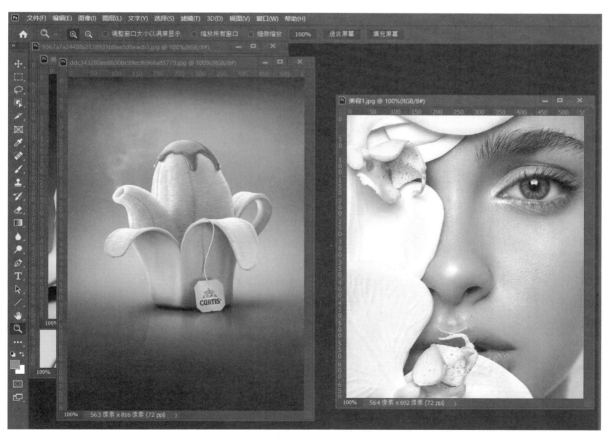

图 2-15

（5）将所有内容合并到选项卡中：如果想恢复为默认的视图状态，即全屏显示一个图像、其他图像最小化到选项卡中，如图 2-16 所示，可以执行【窗口】→【排列】→【将所有内容合并到选项卡中】命令。

图 2-16

（6）匹配缩放：将所有窗口都匹配到与当前窗口相同的缩放比例。例如，当前窗口的缩放比例为100%，另外一个窗口的缩放比例为 50%，执行该命令后，该窗口的显示比例也调整为 100%。

（7）匹配位置：将所有窗口中图像的显示位置都匹配到与当前窗口相同。如图 2-17 和图 2-18 所示分别为匹配位置前后的效果。

图 2-17

图 2-18

（8）匹配旋转：将所有窗口中画布的旋转角度都匹配到与当前窗口相同。

（9）全部匹配：将所有窗口的缩放比例、图像显示位置、画布旋转角度与当前窗口匹配，如图 2-19 和图 2-20 所示。

图 2-19

图 2-20

三、学习任务小结

通过本次学习任务，同学们已经初步掌握了 Adobe Photoshop 2020 软件使用多任务窗口查看图像的方法，为今后从事多图像复杂设计创造了条件。课后，同学们要反复练习本次学习任务所学知识点和技能，进一步熟悉 Adobe Photoshop 2020 软件的基本操作方法。

四、课后作业

（1）用缩放工具调整窗口比例。
（2）利用抓手工具移动画面。

学习任务 三 设置工作区

教学目标

（1）专业能力：能对不同任务预设工作区，如文档窗口、工具箱、菜单栏和面板的排列等，并能创建符合自己使用习惯的工作区。

（2）社会能力：了解 Adobe Photoshop 2020 软件主界面的工具。

（3）方法能力：具备一定的图形软件基础应用能力。

学习目标

（1）知识目标：掌握文档窗口、工具箱、菜单栏和面板的排列方法，能创建适合自己使用习惯的工作区。

（2）技能目标：能进行预设工作区的基本操作。

（3）素质目标：具备一定的软件操作能力和艺术审美能力。

教学建议

1. 教师活动

（1）教师示范预设工作区的创建方法。

（2）教师示范 Adobe Photoshop 2020 软件主界面工具的使用方法，并指导学生进行课堂实训。

2. 学生活动

根据教师教授的相关内容对 Adobe Photoshop 2020 软件进行预设工作区和主界面工具操作实训。

一、学习问题导入

各位同学，大家好！本次学习任务我们一起学习工作区的设置方法。该功能最主要的作用是针对不同的图像处理要求，灵活使用相应的工具菜单，并且还可以制定个性化的菜单和工作区，方便对图像进行有效的制作。

二、学习任务讲解

1. 使用预设工作区

Adobe Photoshop 2020 软件为简化某些任务而专门为用户设计了几种预设的工作区。例如，如果要编辑数码照片，可以使用【摄影】工作区，界面中就会显示与照片修饰有关的面板，如图 2-21 所示。

图 2-21

执行【窗口】→【工作区】下拉菜单中的命令，如图 2-22 所示，可以切换为 Photoshop 为我们提供的预设工作区。

其中，【3D】【动感】【绘画】和【摄影】等是针对相应任务的工作区；【基本功能（默认）】是最基本的、没有进行特别设计的工作区。如果修改了工作区（如移动了面板的位置），执行该命令就可以恢复为 Photoshop 默认的工作区；选择【2020 新增功能】工作区，各个菜单命令中的 Adobe Photoshop 2020 新增功能会显示为彩色，如图 2-23 所示。

图 2-22   图 2-23

2. 创建自定义工作区

首先在【窗口】菜单中将需要的面板打开，不需要的面板关闭，再将打开的面板分类组合，如图 2-24 所示。

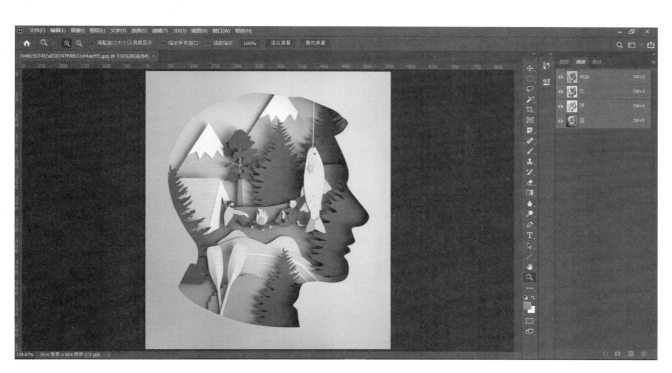

图 2-24

执行【窗口】→【工作区】→【新建工作区】命令，在打开的对话框中输入工作区的名称，如图 2-25 所示。默认情况下只存储面板的位置，我们也可以将键盘快捷键和菜单的当前状态保存到自定义的工作区中。单击【存储】按钮关闭对话框。

我们来看一下怎样调用该工作区。打开【窗口】→【工作区】下拉菜单，如图 2-26 所示，可以看到创建的工作区就在菜单中，选择它即可切换为该工作区。

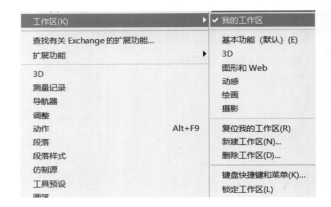

图 2-25

图 2-26

3. 自定义彩色菜单命令

如果经常要用到某些菜单命令，不妨将其设定为彩色，以便需要时可以快速找到它们。

执行【编辑】→【菜单】命令，打开【键盘快捷键和菜单】对话框。单击【图像】命令前面的按钮，展开该菜单，如图 2-27 所示；选择【模式】命令，然后在如图 2-28 所示的位置单击，打开下拉列表，为【模式】命令选择红色。选择【无】表示不为命令设置任何颜色。单击【确定】按钮关闭对话框。

打开【图像】菜单，可以看到，【模式】命令已经显示为红色了，如图 2-29 所示。

图 2-28

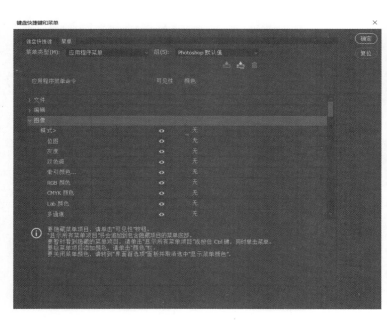

图 2-27

图 2-29

4. 自定义工具快捷键

执行【编辑】→【键盘快捷键】命令，或在【窗口】→【工作区】菜单中选择【键盘快捷键和菜单】命令，打开【键盘快捷键和菜单】对话框。在【快捷键用于】下拉列表中选择【工具】，如图 2-30 所示。如果要修改菜单的快捷键，则可以选择【应用程序菜单】命令。

在【工具面板命令】列表中选择抓手工具，可以看到，它的快捷键是"H"，如图 2-31 所示；单击右侧的"删除快捷键"按钮，将该工具的快捷键删除。

图 2-30

转换点工具没有快捷键，我们可以将抓手工具的快捷键指定给它。选择【转换点工具】，在显示的文本框中输入"H"，如图 2-32 所示。单击【确定】按钮关闭对话框。在工具箱中可以看到，快捷键"H"已经分配给了转换点工具，如图 2-33 所示。

图 2-31

图 2-32

图 2-33

三、学习任务小结

通过本次学习任务，同学们已经初步掌握了预设工作区和创建自定义工作区的方法，对 Adobe Photoshop 2020 软件主界面的工具也有了一定的了解。课后，同学们要多练习创建预设工作区的方法，全面提高自己的软件操作技能。

四、课后作业

练习本次学习任务所学的创建预设工作区的操作方法。

使用辅助工具

教学目标

（1）专业能力：能对图像进行编辑和调整；掌握标尺、参考线、网格和标注等页面辅助工具的使用方法。

（2）社会能力：熟悉绘图软件辅助工具的用法，增强绘图软件学习能力。

（3）方法能力：能进行图片的设计和制作。

学习目标

（1）知识目标：熟悉标尺、参考线、网格和注释工具的使用方法。

（2）技能目标：能应用标尺、参考线、网格和注释工具等辅助工具进行图片制作。

（3）素质目标：具备一定的软件操作能力和艺术审美能力。

教学建议

1. 教师活动

（1）教师示范标尺、参考线、网格和标注等工具的使用方法。

（2）教师示范利用参考线的绘图操作。

（3）教师布置辅助绘图的课堂实训任务，并巡堂辅导。

2. 学生活动

根据教师教授的相关内容对标尺、参考线、网格和注释工具等进行实训练习。

一、学习问题导入

各位同学，大家好！上次学习任务我们已经对 Adobe Photoshop 2020 软件的绘图工具有了一定的了解，本次学习任务我们进一步学习如何利用辅助工具进行图像处理。辅助工具的主要任务是利用软件达到标准化绘图效果，提高图像处理的规范性。

二、学习任务讲解

1. 使用标尺

标尺可以帮助我们确定图像或元素的位置。按下 Ctrl + O 快捷键，打开素材，如图 2-34 所示。执行【视图】→【标尺】命令或按下 Ctrl + R 快捷键，标尺便会出现在窗口顶部和左侧，如图 2-35 所示。如果此时移动光标，标尺内的标记会显示光标的精确位置。

默认情况下，标尺的原点位于窗口的左上角（0,0），修改原点的位置，可以从图像上的特定点开始进行测量。将光标放在原点上，单击并向右下方拖动，画面中会显示出十字线，如图 2-36 所示。将它拖放到需要的位置，该处便成为原点的新位置，如图 2-37 所示。

图 2-34 　　　　　　图 2-35 　　　　　　图 2-36 　　　　　　图 2-37

如果要将原点恢复到默认的位置，可以在窗口的左上角双击，如图 2-38 所示。如果要修改标尺的测量单位，可以双击标尺，在打开的【首选项】菜单栏中选择【单位与标尺】，如图 2-39 所示。如果要隐藏标尺，可以执行【视图】→【标尺】命令或按下 Ctrl + R 快捷键。

图 2-38 　　　　　　　　图 2-39

2. 使用参考线

打开图片后，按下 Ctrl+R 快捷键显示标尺，如图 2-40 所示。将光标放在水平标尺上，单击并向下拖动鼠标可以拖出水平参考线，如图 2-41 所示。

采用同样的方法可在垂直标尺上拖出垂直参考线，如图 2-42 所示。如果要移动参考线，可选择移动工具，将光标放在参考线上，光标会变为"业"状，单击并拖动鼠标即可移动参考线，如图 2-43 所示。创建或者移动参考线时如果按住 Shift 键，可以使参考线与标尺上的刻度对齐。

图 2-40

图 2-41

图 2-42

图 2-43

　　将参考线拖回标尺，可将其删除，如图 2-44 和图 2-45 所示。如果要删除所有参考线，可以执行【视图】→【清除参考线】命令。

　　精确建立参考线，执行【视图】→【新建参考线】命令，打开【新建参考线】对话框，在【取向】选项中选择创建水平或垂直参考线，在【位置】选项中输入参考线的精确位置，单击【确定】按钮，即可在指定位置创建参考线，如图 2-46 和图 2-47 所示。

图 2-44

图 2-45

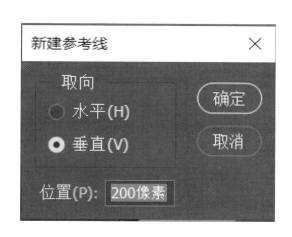

图 2-46

图 2-47

3. 使用智能参考线

智能参考线是一种智能化的参考线，它只在需要时出现。我们使用移动工具进行移动操作时，通过智能参考线可以对齐形状、切片和选区。

执行【视图】→【显示】→【智能参考线】命令可以启用智能参考线。如图 2-48 和图 2-49 所示为移动对象时显示的智能参考线。

图 2-48

图 2-49

4. 使用网格

网格对于对称布置的对象非常有用。打开一个文件，如图 2-50 所示，执行【视图】→【显示】→【网格】命令，可以显示网格，如图 2-51 所示。显示网格后，可执行【视图】→【对齐】→【网格】命令启用对齐功能，此后进行创建选区和移动图像等操作时，对象会自动对齐到网格上。

图 2-50

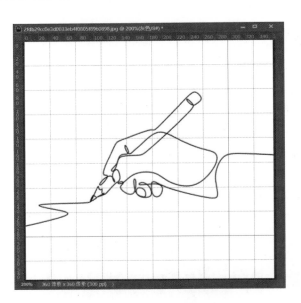

图 2-51

三、学习任务小结

通过本次学习任务，同学们已经初步掌握了标尺、参考线、网格和标注等页面辅助工具的使用方法。课后，同学们要多练习 Adobe Photoshop 2020 辅助工具的基本命令和操作方法，全面提高自己的软件操作技能。

四、课后作业

练习本次学习任务所学的 Adobe Photoshop 2020 辅助工具的基本命令和操作方法。

扫描二维码
获取本章更多素材

项目三

Adobe Photoshop 2020 图像基本编辑实训

学习任务 一 选区与填色

教学目标

（1）专业能力：能够认识、理解选区的概念及填色编辑的基本原理，并能根据图像实际情况灵活选择选定及编辑选区的方法。同时，掌握填色工具的应用方法。

（2）社会能力：能通过课堂师生问答、方案互评，提升学生的表达与交流能力。

（3）方法能力：学以致用，加强实践，通过分析设计绘图案例，提炼同一画面效果的不同操作方法，并自觉地总结最便捷、实用的绘图技巧，提升实践能力，积累经验。

学习目标

（1）知识目标：掌握不同选区的操作方法及填色形式。

（2）技能目标：能结合具体的实训案例进行选区设置和填色处理。

（3）素质目标：具备一定的造型能力和色彩搭配能力。

教学建议

1. 教师活动

（1）教师讲解选区和填色的主要命令和操作方法，并指导学生进行实训练习。

（2）结合具体的实训案例示范选区和填色的方法和技巧。

2. 学生活动

（1）认真听课，观看教师操作示范，并在教师的指导下进行实训。

（2）学以致用，加强实践操作练习，掌握选区和填色的方法和技巧。

一、学习问题导入

各位同学，大家好！今天我们一起来学习选区与填色的基本命令和操作方法。设置选区是广告设计图像后期处理的关键步骤，有利于对图像进行分层处理，丰富图像的层次感和艺术感。填色则可以丰富图像的色彩效果，让图像更加生动，更具艺术表现力。

二、学习任务讲解

选区是指通过工具或者相应命令在图像上创建的选取范围，其边界为流动状态的虚线，俗称"蚂蚁线"。选区是 Photoshop 软件中区分编辑区域与非编辑区域的重要方式。创建选区后，即可将选区内的图像区域进行隔离编辑，如复制、移动、填充或校正颜色等，而选区外的图像会被保护起来，不能编辑。

1. 创建选区

Photoshop 在工具箱中提供多种用于创建选区的工具，如选框工具（M）、套索工具（L）、魔棒工具（W）等，鼠标左键单击相应按钮即可选中所要使用的工具。另外，可以按住左键不放，如右图  所示，在工具右下角有三角图样，代表此工具图表下包含多个功能相近的工具。因此，长按左键会弹出该组中隐藏的其他工具。

技巧提示：

利用快捷键快速在成组工具中切换。

按住 Shift 键，同时多次按 M 键，可以快速在矩形选框工具和椭圆选框工具之间来回切换。

按住 Shift 键，同时多次按 L 键，可以快速在套索工具、多边形套索工具和磁性套索工具之间来回切换。

按住 Shift 键，同时多次按 W 键，可以快速在魔棒工具、对象选择工具和快速选择工具之间来回切换。

（1）规则选框工具。

规则选框工具通常用于创建规则的形状区域。在工具箱中长按【矩形选框工具】按钮 ▦ ，即可打开隐藏的规则选框工具，如图 3-1 所示。

① 矩形选框工具。

单击工具箱中【矩形选框工具】，将鼠标放到画面上，当鼠标指针呈"+"形时，单击并沿对角线方向拖曳鼠标，绘制合适的矩形区域后释放鼠标，即可创建一个矩形选区，如图 3-2 所示。

图 3-1

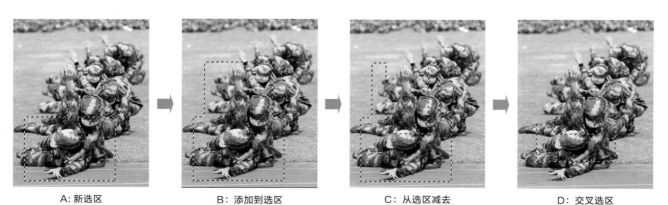

A：新选区　　　　　B：添加到选区　　　　　C：从选区减去　　　　　D：交叉选区

图 3-2

② 椭圆选框工具。

单击工具箱中的【椭圆选框工具】按钮 ◯，将鼠标放在画面上，拖曳鼠标即可在图像中创建椭圆形或圆形选区，如图 3-3 所示。

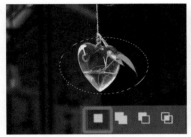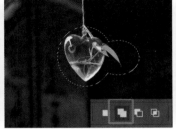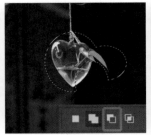

新选区 　　　　　　　添加到选区 　　　　　　　从选区减去 　　　　　　　交叉选区

图 3-3

> **技巧提示：**
>
> 按住 Shift+M，可以画出正圆 / 正方形。
>
> 按住 Shift+Alt+M，可以画出以所点击点为圆心的正圆 / 正方形。

③ 单行选框工具。

利用【单行选框工具】和【单列选框工具】可以在图像中绘制出 1 像素宽的横向或纵向选区。若要创建单行或单列的选区，只需在选中工具后，在图像中直接单击即可。

案例一：使用单行或者单列选框工具制作信纸。

步骤一：打开"信纸 .jpg"素材图像，单击【单行选框工具】按钮 ▤，在图像上单击，绘制单行选区，如图 3-4 所示。

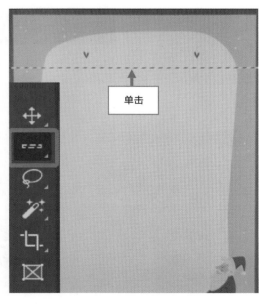

单击

图 3-4 　　　　　　　　　　　　　　　　图 3-5

步骤二：单击【单行选框工具】选项栏中的【添加到选区】按钮■，在图像中连续单击，创建单行选区，效果如图 3-5 所示。

步骤三：设置前景色为 R：126、G：166、B：161，单击图层面板中的【创建新图层】按钮，新建"图层 1"，按 Alt+Del 填充（前景色），按 Ctrl+D 取消选区，效果图 3-6 所示。

图 3-6

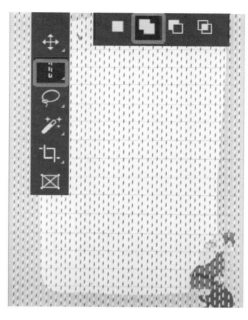

图 3-7

步骤四：单击【单列选框工具】按钮■，单击选项栏中的【添加到选区】按钮■，在图像中连续单击，创建选区，如图 3-7 所示。

步骤五：执行【选择】→【修改】→【扩展】菜单命令，在打开的对话框中输入"扩展量"为 3 像素，单击【确定】按钮，扩展选区，效果如图 3-8 所示。

步骤六：按下 Del 键删除选区内的图像，然后按 Ctrl+D 取消选区，查看图像效果，如图 3-9 所示。

图 3-8

图 3-9

步骤七：单击【橡皮擦工具】按钮 ![icon]，擦除背景以及信纸两侧多余的线条，得到整洁的画面，效果如图 3-10 所示。

步骤八：选中"图层 1"图层，按下 Ctrl+J（复制图层），创建"图层 1 拷贝"图层，设置图层混合模式为"线性加深"，效果如图 3-11 所示。

图 3-10

图 3-11

（2）不规则选框工具。

规则选框工具只能创建出简单的规则选区，要创建出复杂、多变的选区时就需要应用不规则选框工具。使用不规则选框工具可以绘制出任意形状的选区，比如在人物照片中沿人物绘制选区、沿棱角分明的建筑物绘制选区等。Adobe Photoshop 2020 提供了套索工具、多边形套索工具、磁性套索工具、快速选择工具、魔棒工具等不规则选区的创建工具，使用这些工具即可快速创建不规则选区。

① 套索工具。

套索工具可以在图像中自由地手动绘制出一个不规则的选区。在工具箱中单击【套索工具】按钮 ![icon]，然后在需要选取的地方单击并按住鼠标，沿对象边缘进行拖曳绘制，释放鼠标时，虚线的起点和终点会自动连接并形成一个封闭选区。

打开水果图片素材图像，选择【套索工具】按钮 ![icon]，在图像中单击并拖曳鼠标，如图 3-12 所示，单击选项栏中的【添加到选区】按钮 ![icon]，则可添加或减去选区，创建符合设计需求的选区。

② 多边形套索工具。

多边形套索工具可以在图像中手动创建多边形选区。选择【多边形套索工具】按钮 ![icon]，用鼠标在需要选取的图像边缘连续单击绘制出一个多边形，双击鼠标闭合多边形并形成选区。

多边形套索工具主要针对棱角分明的多边形对象进行选择。按住【套索工具】按钮 ![icon] 不放，在打开的隐藏工具中即可选中多边形套索工具，如图 3-13 所示。运用该工具创建选区的前后对比效果如图 3-14 所示。

图 3-12

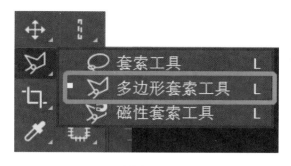

图 3-13　　　　　　　　　　　　　　　　　　　图 3-14

③ 磁性套索工具。

磁性套索工具能够快速选择边缘与背景色彩反差较大的图像，二者反差越大，选取的图像就越准确。单击工具箱中的【磁性套索工具】按钮，然后在需要选取的对象的某一处上单击，沿对象边缘拖动鼠标即可自动创建带锚点的路径，在终点与起点重合时松开鼠标，就会自动创建一个闭合选区。

a. 调整【宽度】，更精确地查找边缘。

【宽度】选项用来检测选区的范围，以当前鼠标指针所在点为标准，在设置的范围内可以查找反差最大的边缘。设置的【宽度】值越小，创建的选区越精确，分别设置【宽度】为10像素和100像素时的对比效果如图3-15所示。

图 3-15

b. 使用【频率】选项更改锚点密度。

【频率】选项用于设置生成锚点的密度。在拖曳鼠标时会自动生成正方形的锚点，设置的值越大，生成的锚点就越多，选取的图像就越精确，如图3-16所示。

图 3-16

④ 快速选择工具。

快速选择工具是以画笔的形式出现的，能够对不规则对象进行快速选择。在创建选区时，可根据选择对象的范围调整画笔的大小，从而更有利于准确地选取对象。单击工具箱中的【快速选择工具】按钮 ，显示对应的工具选项栏。

a. 设置选取方式。

快速选择工具选项栏中有【新选区】【添加到选区】【从选区减去】三种选取方式。默认情况下选择【新选区】方式。如图 3-17 所示，单击图像出现选区后，系统会自动切换至【添加到选区】方式，并在画笔中间出现一个"+"号，此时单击图像可扩大选择范围，如图 3-18 所示。单击【从选区减去】按钮，在画笔中间会出现一个"-"号，此时在已创建的选区上单击就可缩小选择范围，如图 3-19 所示。

| 图 3-17 | 图 3-18 | 图 3-19 |

b. 调整画笔大小。

单击画笔右侧的倒三角按钮可打开【画笔预设】选取器。在【画笔预设】选取器中可以调整画笔笔触大小、硬度、间距及角度等。使用【快速选择工具】创建选区时，画笔的大小将决定选取范围的大小，设置的参数值越大，所选取的范围就越广，如图 3-20 和图 3-21 所示。

| 图 3-20 | 图 3-21 |

⑤ 魔棒工具。

魔棒工具可通过单击图像选中画面中与单击图像处的色彩相似的区域，并可通过调整选择方式和容差值等选项来控制选取范围。此工具适用于对颜色要求较为单一的图像进行选取，图像内颜色越单一，所选取的对象范围就会越准确。

魔棒工具选项栏中的【容差】值大小直接决定了选择范围的大小，设置的【容差】越大，选取范围就越大。如图 3-22 所示，在工具箱中单击【魔棒工具】按钮，然后分别在选项栏中设置【容差】值为"32"和"80"，单击图像创建选区，创建的选区范围的对比效果如图 3-23 和图 3-24 所示。

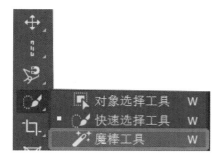

图 3-22

图 3-23

图 3-24

三、学习任务小结

通过本次学习任务，我们掌握了选区的创建方式，包括规则选区和不规则选区两大类。同时，通过实训案例的练习，熟练掌握了选区工具及填色的方法。课后，同学们要反复练习选区和填色相关操作命令，全面提高自己的软件操作能力。

四、课后作业

练习本次学习任务所学的选区和填色命令，完成相关实操练习任务。

学习任务 二 图层

教学目标

（1）专业能力：能够认识和理解图层的基本功能。

（2）社会能力：能通过课堂师生问答、小组讨论，提升学生的表达与交流能力。

（3）方法能力：具备一定的软件操作能力和艺术审美能力。

学习目标

（1）知识目标：掌握 Photoshop 图层命令的相关知识点和操作方法。

（2）技能目标：能运用图层命令制作广告设计作品。

（3）素质目标：具备一定的软件操作能力。

教学建议

1. 教师活动

（1）教师讲解 Photoshop 图层命令的知识点和使用方法。

（2）教师示范 Photoshop 图层命令的操作方法，并指导学生实训。

2. 学生活动

（1）认真听课，聆听教师讲解 Photoshop 图层命令的知识点和使用方法。

（2）学生在教师的指导下进行 Photoshop 图层命令的操作实训。

一、学习问题导入

各位同学，大家好！今天我们一起来学习 Photoshop 软件中的图层命令。图层对于画面来说像很多透明的纸张上下叠加在一起，我们可以将自己的创意想法画在不同层级的纸张上，方便后续画面的调整与修改，提高工作效率。

二、学习任务讲解

1. 了解图层面板

组成图像的图层都会显示在图层面板中，几乎所有对图层的操作都可以通过图层面板来完成。图层面板如图 3-25 所示。

（1）扩展按钮：单击此按钮将打开扩展菜单，在其中可以执行新建图层、复制图层等图层相关命令。

（2）图层混合模式：用于设置图层的混合模式。

（3）不透明度：用于设置图层的不透明度。

（4）图层蒙版缩览图：用于概略查看图层蒙版的效果。

（5）指示图层可见性图标：表示图层的显示或隐藏状态，单击此图标可切换图层的显示 / 隐藏状态。

（6）图层样式标志：表示对该图层添加了图层样式，单击下三角按钮可展开样式列表。

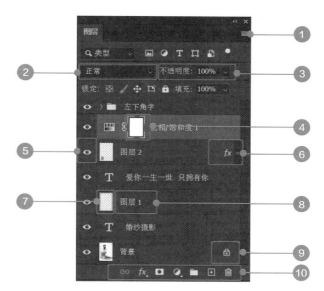

图 3-25

（7）图层缩览图：用于概略查看图层上的像素效果。

（8）图层名称：用于标示不同的图层，双击文字可修改名称。

（9）锁定图标：表示该图层处于锁定状态，不能在该图层上应用大部分工具和菜单命令，单击此标志可解除锁定。

（10）图层快捷操作按钮：用于快速完成图层的常用操作，包括链接图层、添加图层样式、添加图层蒙版、创建填充或调整图层、新建图层组、新建图层、删除图层。

2. 图层的类型

在图层面板中出现的图层，根据其功能和作用，可以划分为多种不同的类型，通常划分为像素图层、调整图层和文字图层。这些不同类型的图层相互堆叠组合，构成了图像的整体视觉效果。

（1）像素图层。

像素图层是最普通和常用的图层，在图层面板中复制或新建的图层，都属于像素图层，如图 3-26 所示。用户可直接对像素图层中的图像进行绘制、变换和应用滤镜命令等编辑操作。对像素图层进行放大或缩小会影响图像的像素。

（2）调整图层。

调整图层是在图像处理过程中常用的一种特殊图层，单击调整面板中的按钮后，在图层面板中会出现一个带有图层蒙版的调整图层，如图 3-27 所示。调整图层中的操作命令作用于其下的图层上，但又不会破坏下方图层中的原始像素。

（3）文字图层。

使用【横排文字工具】和【直排文字工具】创建文字内容后，图层面板中会自动创建一个文字图层，如图3-28所示。文字图层记载了该图层中的文字的所有属性信息，便于查看和修改。双击文字图层缩览图，还可以全选该图层中的文字内容。

图 3-26

图 3-27

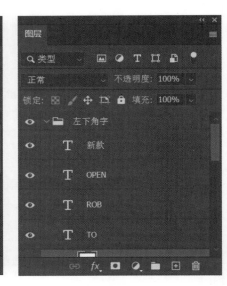

图 3-28

3. 按类型选择图层

利用 Adobe Photoshop 2020 类型选项可对图层进行分类选择。当图像中包含有较多图层时，使用此功能能够帮助用户快速选择和显示某一种类型的图层。在图层面板中单击【类型】选项下拉按钮，在打开的下拉菜单中可根据需求选择相应选项，如图 3-29 所示。在【类型】选项后提供的按钮中单击【文字】按钮 T，即可只显示文字图层，单击【调整图层】按钮 ⊘，则只显示调整图层，如图 3-30 和图 3-31 所示。

图 3-29

图 3-30

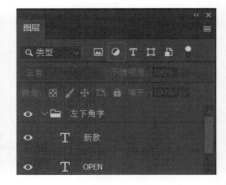

图 3-31

4. 新建图层

（1）通过按钮新建。

在图层面板下方单击【创建新图层】按钮 ⊞，即可根据当前的图层个数，新建一个名为"图层 1"的图层，如图 3-32 所示。

图 3-32

（2）通过菜单命令新建。

单击图层面板右上角的扩展按钮，在打开的扩展菜单中执行【新建图层】命令，如图 3-33 所示。打开【新建图层】对话框后，可以在该对话框中设置新建图层的名称、颜色、混合模式和不透明度等，设置完成后，单击对话框中的【确定】按钮（图 3-34），将在图层面板中看到新建的图层，如图 3-35 所示。

图 3-33　　　　　　　　　　　　　　图 3-34　　　　　　　　　　图 3-35

5. 复制、删除图层

（1）拖曳图层进行复制。

在图层面板中单击选中"背景"图层，将此图层拖曳到【创建新图层】按钮上，释放鼠标即可复制该图层，得到"背景拷贝"图层，如图 3-36 所示。

图 3-36

（2）利用面板菜单复制。

单击图层面板右上角的扩展按钮▦，在打开的扩展菜单中执行【复制图层】命令，如图3-37所示，将打开【复制图层】对话框。如图3-38所示，可以根据需求更改复制图层的名称，设置后单击【确定】按钮。此时在图层面板中可看到复制的图层，如图3-39所示。

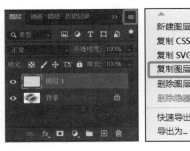
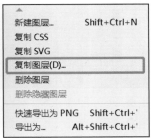
图 3-37

图 3-38

图 3-39

（3）删除图层。

单击图层面板下方的删除按钮▣，如图3-40所示，将打开一个提示对话框来询问是否删除图层。单击"是"，如图3-41所示，将删除该图层。若将图层拖曳至【删除图层】按钮▣上，则不会弹出提示对话框，如图3-42所示。

图 3-40

图 3-41

图 3-42

6. 图层样式

在对图像进行编辑的过程中，可以为图层添加各种不同的图层样式。Adobe Photoshop 2020 有多种图层样式，包括投影、内阴影、外发光、内发光、斜面和浮雕、光泽、颜色叠加、渐变叠加等，通过应用不同的图层样式能够产生丰富多彩的样式效果。

（1）添加图层样式。

在图层面板中单击【添加图层样式】按钮fx，即可打开相应的图层样式菜单，选择需要的样式命令，即可添加该图层样式，如图3-43所示。也可以通过执行【图层】→【图层样式】菜单命令，在打开的子菜单中选择需要添加的图层样式，如图3-44所示。

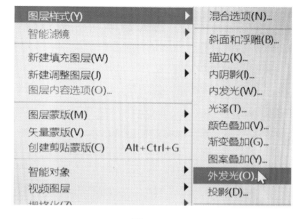

图 3-43　　　　　　　　　　　　　　　　　　　图 3-44

（2）认识【图层样式】对话框。

　　为图层添加图层样式时，即可利用该对话框中各选项对图层样式进行设置，也可以利用该对话框选择需要添加的一种或多种图层样式。除执行菜单命令，还可以双击图层面板中需要添加图层样式的图层名称右侧的空白处，如图 3-45 所示，即可打开【图层样式】对话框，用于设置图层样式，如图 3-46 所示。

图 3-45

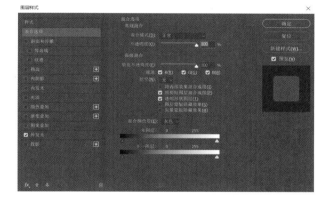

图 3-46

7. 图层混合模式和不透明度

　　图层混合模式可以去除图层中的暗像素或抑制图层中的亮像素，显示特殊的图层混合效果。选中图层面板中的某一图层后，单击图层混合模式，选择右侧的下拉按钮，在打开的下拉列表中可看到系统提供的多种混合模式，如变暗、变亮、滤色、叠加、柔光等，选择后即可应用该混合模式来混合图像。

　　（1）设置混合模式合成新效果。

　　打开两幅图像，将它们复制到同一文件中，将其设置为图层混合模式，即可混合图像，由此产生特殊的混合效果，如图 3-47 所示。

　　（2）更改混合模式选项。

　　在更改图层混合模式时，单击【混合模式】右侧的下拉按钮，在打开的下拉列表中单击需要使用的图层混合模式，如单击选择【线性加深】混合模式，混合后的图像效果如图 3-48 所示。

图 3-47 图 3-48

（3）图层不透明度。

图层不透明度用于设置图层的显现程度。当降低不透明度时，图层中的图像变成半透明效果，显示出下方图层的内容。设置图层的不透明度时，在【不透明度】选项后的文本框内输入 0 ~ 100 之间的数值，设置的值越小，该图层中图像的透明度越高。

如图 3-49 所示，打开素材图像，在图层面板中选择"图层1"，单击【不透明度】选项右侧的倒三角形按钮，弹出调整滑块，拖曳滑块降低参数值，如图 3-50 所示。降低图像不透明度后的效果如图 3-51 所示。

图 3-49 图 3-50 图 3-51

8. 填充图层和调整图层

填充图层和调整图层是两种比较特殊的图层。它们可以创造出新的画面效果，同时不破坏原有画面中的像素。在处理图像时，不但能对调整图层或填充图层反复修改，还可以利用自带的图层蒙版控制效果的应用范围。

（1）创建填充图层。

在图层面板中单击【创建新的填充或调整图层】按钮，如图 3-52 所示，单击【图案】命令，创建"图案填充"调整图层。此时在图层面板中会生成图案填充图层。打开【图案填充】对话框，在【图案】选取器中选择各种预设的漂亮图案，如图 3-53 所示。选择图案后，图像窗口中会显示填充的图案效果，如图 3-54 所示。

（2）创建、编辑调整图层。

【调整】面板主要用于创建调整图层。执行【窗口】→【调整】菜单命令，即可打开【调整】面板。单击【调整】面板中的不同按钮，会创建不同功能的调整图层，例如单击【色阶】按钮，如图 3-55 所示。

图 3-52

图 3-53　　　　　　　　图 3-54　　　　　　　　图 3-55

　　在【调整】面板中单击【色彩平衡】按钮，如图 3-56 所示。创建"色彩平衡 1"调整图层，并打开【属性】面板，在面板中设置【色彩平衡】选项，如图 3-57 所示。设置后在图像窗口中即可查看到调整后的图像效果，如图 3-58 所示。

图 3-56　　　　　　　　图 3-57　　　　　　　　图 3-58

三、学习任务小结

　　通过本次学习任务，同学们初步掌握了图层设置与应用的知识点，图层最大的优势在于对图像的非破坏性编辑，不会对原始图像造成无法还原的影响。通过熟悉图层的基本用法及图层编辑的相关用法，同时，借助相关案例的操作，让同学们更深入地理解了图层及图层的用法，全面提高了同学们对 Photoshop 软件操作的熟练程度。

四、课后作业

　　反复练习图层命令和操作方法。

学习任务

三 文字

教学目标

（1）专业能力：掌握文字工具的基本命令和操作方法。

（2）社会能力：能通过课堂师生问答、小组讨论，提升学生的表达与交流能力。

（3）方法能力：具备一定的软件操作能力和艺术审美能力。

学习目标

（1）知识目标：了解 Adobe Photoshop 2020 软件文字工具的基本命令和操作方法。

（2）技能目标：能运用文字工具制作广告设计作品。

（3）素质目标：具备较好的艺术审美能力。

教学建议

1. 教师活动

（1）教师讲解 Adobe Photoshop 2020 软件文字工具的基本命令和操作方法。

（2）教师示范 Adobe Photoshop 2020 软件文字工具的基本命令和操作方法，并指导学生实训。

2. 学生活动

（1）认真聆听教师讲解 Adobe Photoshop 2020 软件文字工具的基本命令和操作方法

（2）在教师的指导下进行 Adobe Photoshop 2020 软件文字工具的基本命令和操作方法实训。

一、学习问题导入

各位同学，大家好！今天我们一起来学习 Adobe Photoshop 2020 软件文字工具的基本命令和操作方法。广告设计中文字是不可或缺的，它能传达出图像的深层次含义，对图像进行概括和说明。使用 Adobe Photoshop 2020 为图像添加或编辑文字操作非常便捷。用户可根据设计需求，选择合适的文字工具，并在画面中创建不同的文字效果。文字工具包括横排文字工具、直排文字工具、横排文字蒙版工具、直排文字蒙版工具等，使用这些工具可以在图像中创建不同样式的文字效果，如图 3-59 所示。

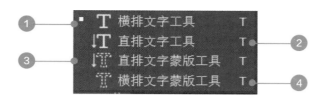

图 3-59

二、学习任务讲解

1. 文字工具

（1）横排文字工具。

使用【横排文字工具】可以创建横排文字。单击工具箱中的【横排文字工具】按钮 T，然后在图像中单击并输入文字，即可创建横排文字，如图 3-60 所示。

（2）直排文字工具。

使用【直排文字工具】可以创建直排文字。单击工具箱中的【直排文字工具】按钮 IT，然后在图像中单击并输入文字，即可创建直排文字，如图 3-61 所示。

图 3-60

图 3-61

（3）直排文字蒙版工具。

使用【直排文字蒙版工具】可以创建直排蒙版文字。单击工具箱中的【直排文字蒙版工具】按钮，然后在图像中单击并输入文字，即可创建直排蒙版文字，如图 3-62 所示。

（4）横排文字蒙版工具。

使用【横排文字蒙版工具】可以创建横排蒙版文字。单击工具箱中的【横排文字蒙版工具】按钮，然后在图像中单击并输入文字，即可创建横排蒙版文字，如图 3-63 所示。

图 3-62   图 3-63

2. 文字工具选项栏

在文字工具选项栏中可以通过设置各项参数来对文字工具进行精确控制，如图 3-64 所示。

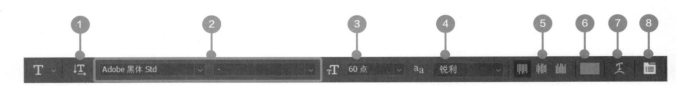

图 3-64

（1）【切换文本取向】按钮 ：单击 按钮，可以将水平方向排列的文字更改为垂直方向排列的文字，或将垂直方向排列的文字更改为水平方向排列的文字，如图 3-65 所示。

图 3-65

（2）【设置字体系列】→【设置字体样式】下拉列表框：在【设置字体系列】下拉列表框中选择需要的字体，在【设置字体样式】下拉列表框中设置文字的字体形态，如图 3-66 所示。

图 3-66

（3）【设置字体大小】下拉列表框：在该下拉列表框中可以设置字体大小。

（4）【设置消除锯齿的方法】下拉列表框：在该下拉列表框中可以选择 7 种控制文字边缘的方式，即【无】【锐利】【犀利】【浑厚】【平滑】【Windows LCD】和【Windows】。

（5）【对齐文本按钮】：单击【左对齐文本】按钮▤，可以将文字设置为左对齐；单击【居中对齐文本】按钮▤，可以将文字设置为居中对齐；单击【右对齐文本】按钮▤，可以将文字设置为右对齐。

（6）【设置文本颜色】选项：单击颜色块▤，打开【拾色器（文本颜色）】对话框，在对话框中可以设置当前文字的颜色。

（7）【创建文字变形】按钮工：单击该按钮工，可以打开【变形文字】对话框。

（8）【切换字符和段落面板】按钮▤：单击该按钮▤，可以切换到【字符】和【段落】面板。

3. 段落文字

使用【横排/直排文字工具】可以创建段落文字，使用文字工具在图像中单击并拖动创建一个文本框，输入的文字以该文本框的大小进行排列，成为段落文字。在创建段落文字后，可以通过调整文本框，变换文字的排列效果。

步骤一：打开"街巷 .jpg"素材图像，选择【横排文字工具】，在图像中单击并拖动，绘制文本框，如图 3-67 所示。

步骤二：打开【字符】面板，在面板中设置字体和字号等属性，将光标插入点置于文本框中，输入所需的文字，如图 3-68 所示。

图 3-67   图 3-68

利用【段落】面板可以指定段落的对齐方式（调整文字与段落的某个边缘对齐方式）。在 Photoshop 中包含【左对齐文本】【居中对齐文本】【右对齐文本】【最后一行左对齐】【最后一行居中对齐】【最后一行右对齐】【全部对齐】7 种对齐方式。

步骤三：打开"秋景 .jpg"素材图像，使用【横排文字工具】在图像中添加段落文本，并应用【移动工具】选中下方段落文本，如图 3-69 所示。

执行【窗口】→【段落】菜单命令，打开【段落】面板，单击面板中【居中对齐】文本按钮██，如图 3-70 所示。

图 3-69   图 3-70

4. 路径文字

利用文字工具创建文字后，还可以利用 Photoshop 提供的各种变形处理功能，为文字进行特殊的变形处理，包括在路径上添加文字、通过样式为文字指定变形效果、将文字转换为路径以及栅格化文字等。

（1）在路径上添加文字，如图 3-71 所示。

（2）通过样式为文字指定变形效果。

打开素材，在图像中输入文字"party"，如图 3-72 所示。单击文字工具选项栏中的【创建文字变形】按钮██ ██ ██，打开【变形文字】对话框，在对话框中设置变形样式及其他选项，如图 3-73 所示。设置后所产生的变形效果如图 3-74 所示。

图 3-71

图 3-72　　　　　　　　　　图 3-73　　　　　　　　　　图 3-74

（3）将文字转换为路径以及栅格化文字。

在图像中输入文字后，会在图层面板中自动创建相应的文字图层。文字图层是特殊的图层，能保留文字的基本属性信息，但文字图层在编辑时有一定的限制，例如不能填充渐变颜色、不能应用滤镜命令等，这时可将文字图层栅格化，转换为普通的像素图层，以便能对文字做更多的编辑和应用。

在图像中输入文字，如图 3-75 所示。执行【文字】→【转换为形状】菜单命令，如图 3-76 所示，即可将文字转换为矢量路径。使用【直接选择工具】在文字路径上单击并拖曳即可更改文字形态，如图 3-77 所示。

图 3-75　　　　　　　　　　图 3-76　　　　　　　　　　图 3-77

栅格化文字有两种方式：其一是输入文字后，在图层面板对应的文字图层上单击鼠标右键，弹出的快捷菜单中有栅格化文字选项，如图 3-78 所示；其二是选择要栅格化的文字图层，执行【文字】→【栅格化文字图层】菜单命令，如图 3-79 所示。将文字图层转换成普通图层后的效果如图 3-80 所示。

图 3-78　　　　　　　　　　图 3-79　　　　　　　　　　图 3-80

5. 制作杂志封面——文字综合运用案例

步骤一：打开"人像.jpg"素材图像，选择【文字工具】▐T▐，在图像中适当位置输入"婚纱摄影"并调整相关参数，如图 3-81 所示。

步骤二：新创建"图层 1"，如图 3-82 所示。保持"图层 1"处于选中状态，选择【矩形选框工具】▐■▐，保持工具复选框为【新选区】▐■▐▐▐▐，创建矩形选区，然后将矩形工具复选框调整为▐■▐▐▐▐，由此创建矩形边框选区，设置前景色为▐■▐，用前景色填充（快捷键 Alt+Del），效果如图 3-83 所示。

步骤三：选择【文字工具】▐T▐，输入"爱你一生一世 只拥有你"，参数设置及效果如图 3-84 所示。

图 3-81

图 3-82

图 3-83

图 3-84

图 3-85

步骤四：新创建"图层 2"，在画面左下角绘制矩形选区并填充为蓝色，执行【滤镜】→【像素化】→【碎片】命令，最终效果如图 3-85 所示。

步骤五：选择【文字工具】输入"新款"，设置如图 3-86 所示。选择【文字工具】输入"OPEN"，设置如图 3-87 所示。

步骤六：选择【文字工具】输入"TO""ROB"，设置如图 3-88 所示。

最终效果如图 3-89 所示。

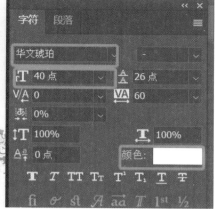

图 3-86

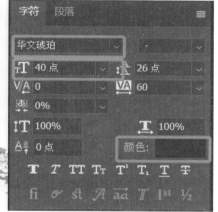

图 3-87

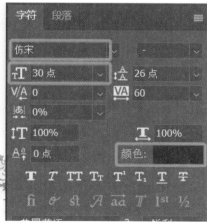

图 3-88

图 3-89

三、学习任务小结

通过本次学习任务，同学们初步掌握了 Adobe Photoshop 2020 软件文字工具的基本命令和操作方法。文字工具包括横排文字工具、直排文字工具、横排文字蒙版工具和直排文字蒙版工具。为增强广告创意中的画面效果，可以将文字工具进行变形和栅格化的处理，以增强文字的可编辑性及变化性，增强画面的艺术效果及欣赏性。课后，同学们要多练习 Adobe Photoshop 2020 软件文字工具的基本命令和操作方法，全面提高自己的软件操作技能。

四、课后作业

练习本次学习任务所学的 Adobe Photoshop 2020 软件文字工具的基本命令和操作方法。

扫描二维码
获取本章更多素材

项目四
路径、矢量绘图实训

了解绘图模式及其特征

教学目标

（1）专业能力：了解绘图模式及其特征。

（2）社会能力：能灵活选择相应的绘图模式绘图。

（3）方法能力：学以致用，加强实践，通过分析效果图，提炼同一画面效果的不同操作方法，并自觉地总结最便捷、实用的绘图技巧，提升实践能力，积累经验。

学习目标

（1）知识目标：掌握形状模式、路径模式、像素模式的使用方法。

（2）技能目标：能运用形状模式、路径模式、像素模式进行作品制作。

（3）素质目标：具备一定的造型能力和软件操作能力。

教学建议

1. 教师活动

（1）教师示范形状模式、路径模式、像素模式的操作方法。

（2）指导学生进行形状模式、路径模式、像素模式操作实训练习。

2. 学生活动

（1）看教师示范形状模式、路径模式、像素模式的操作方法。

（2）在教师的指导下进行形状模式、路径模式、像素模式操作实训练习。

一、学习问题导入

同学们，大家好！本次学习任务我们一起来学习绘图模式的知识。Adobe Photoshop 2020 软件中的钢笔和形状等矢量工具可以创建不同类型的对象，包括形状图层、工作路径和像素图形。选择一个矢量工具后，需要先在工具选项栏中选择相应的绘图模式，然后再进行绘图操作。

二、学习任务讲解

1. 绘图模式的介绍

选择绘图工具组或自定义形状工具，在工具属性栏选择【形状】选项后，可在单独的形状图层中创建形状。形状图层由填充区域和形状两部分组成，填充区域定义了形状的颜色、图案，形状则是一个矢量图形，它同时出现在【路径】面板中，如图 4-1 ~ 图 4-3 所示。

图 4-1

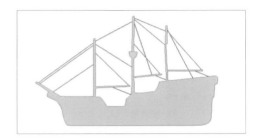

图 4-2

图 4-3

在工具属性栏选择【路径】选项后，可创建工作路径，它出现在【路径】面板中，如图 4-4 ~ 图 4-6 所示。路径可以转换为选区或创建矢量蒙版，也可以填充和描边，从而得到光栅化的图像。

图 4-4

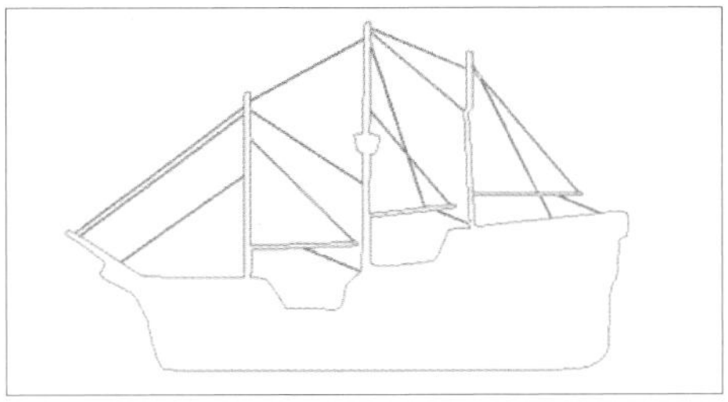

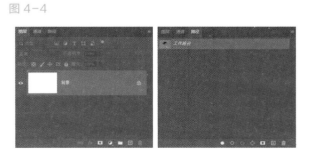

图 4-5

图 4-6

图 4-7

图 4-8

图 4-9

在工具属性栏选择【像素】选项后，可以在当前图层上绘制栅格化的图形（图形的填充颜色为前景色）。由于创建的不是矢量图形，因此，在【路径】面板中也不会有路径，如图 4-7 ~ 图 4-9 所示。

2. 形状模式的属性

（1）填充。

选择【形状】选项后，单击【设置形状填充类型】按钮，可以选择用纯色、渐变色或图案对图形的内部进行填充，如图 4-10 所示。

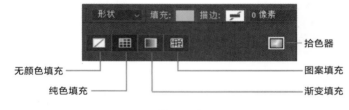

图 4-10

如图 4-11 所示为使用纯色填充的效果，图 4-12 为使用渐变填充的效果，图 4-13 为图案填充的效果，如果要自定义填充颜色，可以单击█按钮，打开【拾色器】进行选择。创建形状后，如需更换颜色，点击【设置形状填充类型】按钮，即可选择颜色替换。

图 4-11

图 4-12

图 4-13

（2）描边。

设置形状描边类型按钮与形状填充类型按钮操作方法一致，可以用纯色、渐变或图案为图形描边。图 4-14 为纯色描边，图 4-15 为渐变描边，图 4-16 为图案描边。

图 4-14   图 4-15   图 4-16

单击属性栏设置形状描边宽度，可以设置描边的粗细，单击【设置形状描边类型】按钮 ，可以打开一个下拉面板，如图 4-17 所示。在该面板中可以设置【描边选项】。

描边选项的重要参数有以下几种。

① 描边样式：可以选择用实线或虚线来描边路径。

② 对齐：可以选择描边与路径的对齐方式。

③ 端点：可以选择路径端点的样式。

④ 角点：可以选择路径转角处的转折方式。

⑤ 更多选项：除了包含前面的选项外，还可以调整虚线的间距，如图 4-18 所示。

 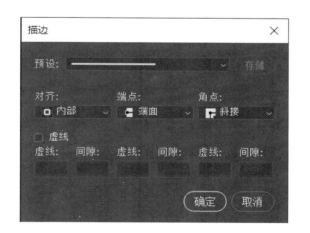

图 4-17   图 4-18

3. 路径模式的属性

在工具属性栏中选择【路径】并绘制路径后，可以单击选区、蒙版或形状按钮，按绘制的路径转换为选区、矢量蒙版或形状图层，如图 4-19 ~ 图 4-21 所示分别是单击选区、蒙版、形状按钮后的效果。

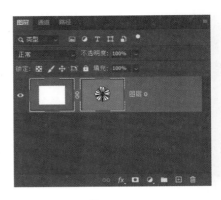

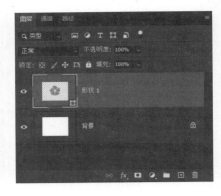

<table>
<tr><td>图 4-19</td><td>图 4-20</td><td>图 4-21</td></tr>
</table>

图 4-19　　　　　　　　　　　　图 4-20　　　　　　　　　　　　图 4-21

4. 像素模式的属性

在工具属性栏中选择【像素】选项后，可以为绘制的图像设置混合模式和不透明度，如图 4-22 所示。

图 4-22

5. 路径与锚点的特征

矢量图是使用直线和曲线来描述的图形。矢量工具创建的是一种由锚点和路径组成的图形，下面主要介绍路径与锚点的特征以及它们之间的关系，以便为学习矢量绘图工具，尤其是钢笔工具打下基础。

6. 认识路径

路径是由贝塞尔曲线段构成的线条或者图形，而组成线条和图形的这些点和线段可以随意编辑。路径中的两个重要素就是锚点和连接两个锚点之间的线段。线段可以是直线，也可以是曲线。路径可以使用钢笔工具和形状工具来绘制，并且在图像中显示为不可打印的矢量图像，绘制的路径可以是开放的或是闭合的，如图 4-23 和图 4-24 所示。

图 4-23　　　　　　　　　　　　　　　　图 4-24

7. 认识锚点

路径主要由线段、锚点和控制柄组成，锚点是标记路径段的端点，分为平滑点和角点两种类型。由平滑点连接的路径段可以形成平滑的曲线，如图 4-25 所示；由角点连接的形成直线或转角曲线，如图 4-26 和图 4-27 所示。曲线路径段上的锚点有方向线，方向线的端点为方向点，它们用于调整曲线的形状。

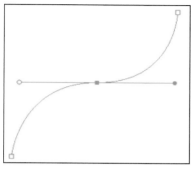

图 4-25

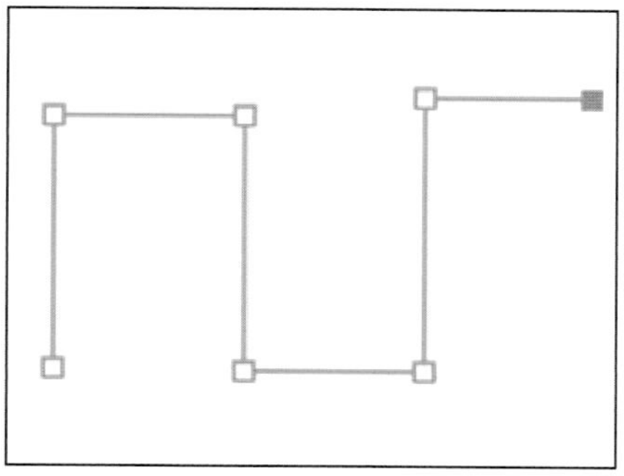

图 4-26

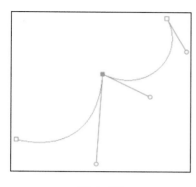

图 4-27

三、学习任务小结

本次学习任务学习了 Adobe Photoshop 2020 软件的绘图模式及其特征，通过课堂实训练习，同学们已经初步掌握了绘图模式的使用技巧，能够灵活地选择绘图模式进行绘制。课后，同学们还要多加练习，通过练习巩固操作技能。

四、课后作业

使用不同的绘图模式绘制图形，并把绘制的图形组合成一个小场景。

学习任务 二　钢笔工具的绘图与编辑

教学目标

（1）专业能力：掌握钢笔工具的绘图与编辑方法。

（2）社会能力：能灵活使用钢笔工具绘图。

（3）方法能力：学以致用，加强实践，总结最便捷、实用的绘图技巧，提升实践能力。

学习目标

（1）知识目标：掌握钢笔工具的使用方法和编辑技巧。

（2）技能目标：能运用钢笔工具进行作品绘制。

（3）素质目标：具备一定的造型能力和艺术审美能力。

教学建议

1. 教师活动

（1）教师示范钢笔工具的使用方法。

（2）指导学生进行钢笔工具绘制实训练习。

2. 学生活动

看教师示范钢笔工具的使用方法，并在教师的指导下进行钢笔工具绘制实训。

一、学习问题导入

钢笔工具是 Adobe Photoshop 2020 软件中最常用的绘图工具，它可以用来绘制各种形状的矢量图形，也能选取具有复杂边缘的对象。在 Adobe Photoshop 2020 软件中，可使用钢笔工具组来完成路径的绘制和编辑。其主要包括钢笔工具、自由钢笔工具、自由钢笔工具、弯度钢笔工具、添加锚点工具、删除锚点工具和转换点工具。

二、学习任务讲解

1. 钢笔工具

选择【钢笔工具】✒后，即可使用钢笔工具绘制直线段和曲线段。

（1）绘制直线段。

① 选择钢笔工具。

② 将钢笔工具定位到所需的直线段起点并单击鼠标左键，以定义第一个锚点（不要拖动）。

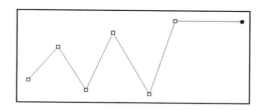

图 4-28

③ 在希望段结束的位置再次单击鼠标左键（按 Shift 并单击鼠标左键，以将段的角度限制为 45° 的倍数）。

④ 继续单击鼠标左键，以便为其他直线段设置锚点，如图 4-28 所示。

注意：单击第二个锚点之前，绘制的第一个段将不可见（在工具属性栏中选择【橡皮带】选项以预览路径段）。此外，如果显示方向线，则表示意外拖动了钢笔工具，可选择【编辑】→【还原】并再次单击鼠标左键。

（2）绘制曲线段。

① 选择钢笔工具。

② 将钢笔工具定位到曲线的起点，并按住鼠标按钮。

③ 拖动鼠标以设置要创建的曲线段的斜度，然后松开鼠标按钮。

按住 Shift 键可将工具限制为 45° 的倍数，如图 4-29 所示。

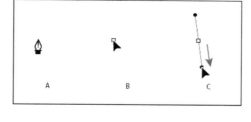

图 4-29

④ 将钢笔工具定位到希望曲线段结束的位置，执行以下操作之一：若要创建 C 形曲线，可以向前一条方向线的相反方向拖动，然后松开鼠标按钮，如图 4-30 所示；若要创建 S 形曲线，可以按照与前一条方向线相同的方向拖动，然后松开鼠标按钮，如图 4-31 所示。

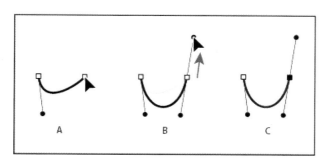

图 4-30

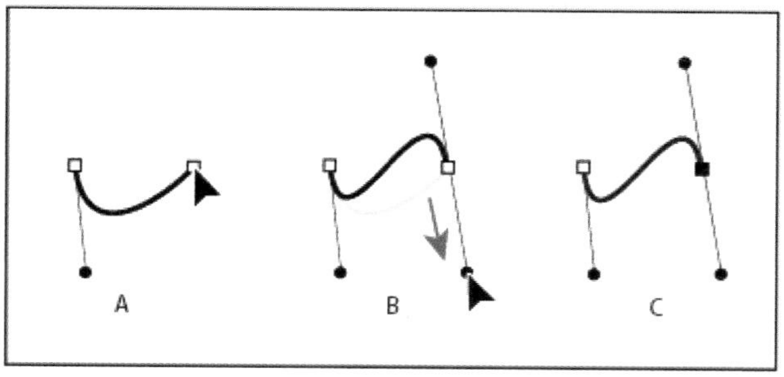

图 4-31

2. 自由钢笔工具

自由钢笔工具可用于随意绘图，就像用铅笔在纸上绘图一样。在绘图时，将自动添加锚点。无须确定锚点的位置，完成路径后可进一步对其进行调整。

（1）选择自由钢笔工具。

（2）若要控制最终路径对鼠标或光笔移动的灵敏度，可单击选项栏中形状按钮旁边的反向箭头，然后为【曲线拟合】输入介于 0.5 ～ 10.0 像素之间的值。此值越高，创建的路径锚点越少，路径越简单。

（3）在图像中拖动指针。在拖动时，会有一条路径尾随指针。释放鼠标，工作路径即创建完毕。

（4）若要继续创建现有手绘路径，将钢笔指针定位在路径的一个端点，然后拖动。

（5）若要完成路径，请释放鼠标；若要创建闭合路径，请将直线拖动到路径的初始点（当它对齐时会在指针旁出现一个圆圈）。

3. 弯度钢笔工具

弯度钢笔工具可用同样轻松的方式绘制平滑曲线和直线段。使用这个直观的工具，可以在设计中创建自定义形状，或定义精确的路径，以便毫不费力地优化图像。在执行该操作的时候，无须切换工具就能创建、切换、编辑、添加或删除平滑点或角点。

（1）从【钢笔】工具组中，选择【弯度钢笔工具】 。

（2）要创建第一个锚点，用鼠标左键单击文档中的任何位置，如图 4-32 所示。

（3）再次单击鼠标左键以定义第二个锚点并完成路径的第一段。如果希望路径的下一段变弯曲，用鼠标左键单击一次（默认）即可。如果接下来要绘制直线段，需要双击鼠标左键，如图 4-33 所示。

（4）使用鼠标拖动指针绘制路径的下一段（弯曲的路径）。在按住鼠标按钮的同时，优化此段的曲线。前一段将自动进行调整以使曲线保持平滑，如图 4-34 所示。

（5）绘制其他段并完成路径，如图 4-35 所示。

图 4-32   图 4-33

图 4-34

图 4-35

弯度钢笔工具的使用技巧如下。

（1）在放置锚点的时候，如果希望路径的下一段变弯曲，单击鼠标左键；如果接下来要绘制直线段，双击鼠标左键，Adobe Photoshop 2020 会相应地创建平滑点或角点。

（2）要将平滑锚点转换为角点，或反之，可用鼠标左键双击该点。

（3）要移动锚点，只需拖动该锚点。

（4）要删除锚点，用鼠标左键单击该锚点，然后按 Delete 键。在删除锚点后，曲线将保留下来，并根据剩余的锚点进行适当的调整。

（5）拖动锚点以调整曲线。在以此方式调整路径段时，会自动地修改相邻的路径段（橡皮带效果）。

（6）要引入其他锚点，只需用鼠标左键单击路径段的中部。

4. 添加锚点工具

添加锚点工具主要用于在绘制的路径上添加新的锚点，将一条线段分为两条，同时便于对这两条线段进行编辑，如图 4-36 所示。

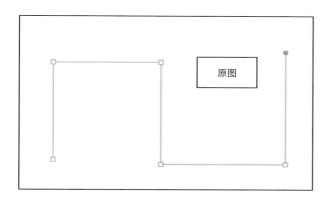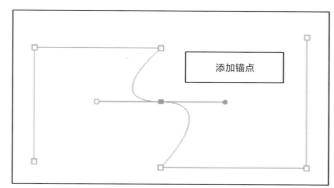

图 4-36

5. 删除锚点工具

删除锚点工具主要用于删除路径上已存在的锚点，将两条线段合并为一条。选择删除锚点工具，在要删除的锚点上单击鼠标左键即可。

6. 转换点工具

转换点工具主要用于转换锚点上控制柄的方向，以更改曲线线段的弯曲度和走向。可把角点转换成平滑点或把平滑点转换成角点。按住 Alt 键，可以调节单个控制柄，如图 4-37 所示。

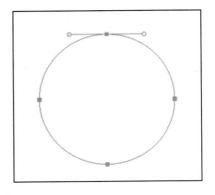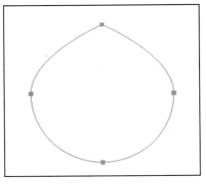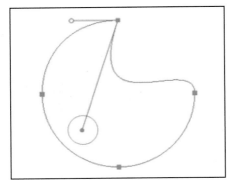

图 4-37

7. 实训案例：使用钢笔工具绘制雨滴

使用钢笔工具绘制雨滴的步骤如下。

步骤一：新建大小为 500px×500px 的文件。

步骤二：执行【视图】→【显示】→【网格】命令，效果如图 4-38 所示。

步骤三：选择【钢笔工具】，绘制三角形，效果如图 4-39 所示。

步骤四：选择【转换点工具】，把水平两个角点转换成平滑点，效果如图 4-40 所示。

步骤五：单击鼠标右键，选择【填充路径】，即可用前景色填充。最终效果如图 4-41 所示。

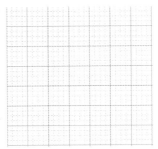 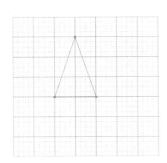 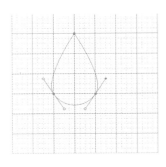 

图 4-38   图 4-39   图 4-40   图 4-41

8. 编辑路径

（1）选择路径。

对路径进行编辑，要通过工具箱中的路径选择工具组选择路径，其中包括路径选择工具和直接选择工具。

① 路径选择工具。

路径选择工具用于选择完整路径。选择【路径选择工具】，在路径上单击鼠标左键即可选择该路径，并可移动所选路径的位置，如图 4-42 所示。

② 直接选择工具。

直接选择工具用于选择路径中的线段、锚点和控制柄等。选择【直接选择工具】，在路径上的任意位置单击鼠标左键，将出现锚点和控制柄，任意选择路径中的线段、锚点或控制柄，然后按住鼠标左键向其他方向拖曳，可对选择的对象进行编辑，如图 4-43 所示。

图 4-42   图 4-43

（2）填充和描边路径。

绘制路径后，通常需要对其进行编辑和设置，以制作出各种效果的图像，如对路径进行颜色填充和描边等。

① 填充路径。

填充路径是指将路径内部填充为颜色或图案，主要有以下两种方法。

一是在【路径】面板中选择路径，单击【用前景色填充路径】按钮 ，即可将其填充为前景色。

二是在路径上单击鼠标右键，在弹出的快捷菜单中选择【填充路径】命令，可打开对话框，在【内容】栏的【使用】下拉列表中可设置填充内容，如图 4-44 所示。

② 描边路径。

图 4-44

描边路径是指使用图像绘制工具或修饰工具沿路径绘制图像或修饰图像，主要有以下两种方法。

一是在【路径】面板中选择路径，单击【用画笔描边路径】按钮，即可使用画笔工具对路径进行描边。

二是在路径上单击鼠标右键，在弹出的快捷菜单中选择【描边路径】命令，可打开对话框，在【工具】下拉列表中选择【描边工具】，单击【确定】按钮即可进行描边，如图 4-45 所示。

（3）路径和选区的转换。

在 Adobe Photoshop 2020 中，路径和选区之间可以相互转换。

① 路径转换为选区：选择路径后，在【路径】面板下方单击【将路径作为选区载入】按钮 ，或在路径上单击鼠标右键，在弹出的快捷菜单中选择【建立选区】命令，或是按下键盘上 Ctrl+Enter 快捷键，均可将路径转换为选区。

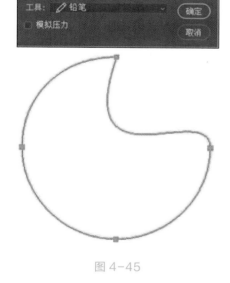

图 4-45

② 选区转换为路径：载入选区后，在【路径】面板下方单击【从选区生成工作路径】按钮 即可。

9. 实训案例：用描边路径制作文字效果

用描边路径制作文字效果的步骤如下。

步骤一：新建大小为 800px×500px 的文件。

步骤二：使用文字工具输入文字"Photoshop"，字体为 Arial，大小为 100 点。

步骤三：在文本图层中单击鼠标右键，选择【创建工作路径】，如图 4-46 所示。

步骤四：隐藏文本图层，创建一个新图层，如图 4-47 所示。

步骤五：选择【画笔工具】，打开【画笔设置】面板，设置画笔笔尖形状为【样本画笔 283】，大小为 20 像素，间距为 38%，如图 4-48 所示。

步骤六：设置前景色为蓝色，在路径面板中，单击【用画笔描边路径】按钮，即可完成文字制作。最终效果如图 4-49 所示。

图 4-46

图 4-47

图 4-48

图 4-49

三、学习任务小结

通过本次学习任务，同学们掌握了 Adobe Photoshop 2020 软件钢笔工具的基本操作方法及路径的编辑方法，在绘制图形时，可以根据需要灵活选择工具来绘制出理想的图形效果。

四、课后作业

完成一个体育运动品牌标志的绘制。

学习任务 三 形状工具

教学目标

（1）专业能力：能够认识和理解形状工具的基本功能和使用方法。

（2）社会能力：能通过课堂师生问答、小组讨论，提升学生的表达与交流能力。

（3）方法能力：学以致用，加强实践，主动开展形状工具的运用实践练习。

学习目标

（1）知识目标：掌握形状工具的使用方法和技巧。

（2）技能目标：能运用形状工具进行图形图像处理。

（3）素质目标：具备一定的软件操作能力和艺术审美能力。

教学建议

1. 教师活动

教师示范形状工具的使用方法，并指导学生进行形状工具实训练习。

2. 学生活动

认真观看教师示范形状工具的使用方法，并在教师的指导下进行形状工具实训练习。

一、学习问题导入

各位同学，大家好！今天我们一起来学习 Adobe Photoshop 2020 软件中形状工具的用法。形状工具是进行图形图像处理常用的工具，其主要作用是结合设计要求快速绘制图形图像，呈现创作者的设计创意。

二、学习任务讲解

1. 形状工具基本知识

形状工具是 Adobe Photoshop 2020 软件中频繁使用的矢量技术工具。Adobe Photoshop 2020 软件提供了多种绘制形状的工具，包括矩形工具、圆角矩形工具、椭圆工具、多边形工具、直线工具，以及自定义形状工具等。运用这些工具，可以快速地绘制出矩形、圆角矩形、椭圆形、多边形，以及一些特殊的自定义形状。

用 Adobe Photoshop 2020 软件绘制和编辑形状包括：在形状图层上创建形状、在一个图层上创建多个形状、绘制自定义形状、创建新的自定义形状、创建栅格化形状和编辑形状等。

2. 在形状图层上创建形状

形状图层包括位图、矢量图两种元素，使用 Adobe Photoshop 2020 在形状图层上绘制时，可以以某种矢量形式保存图像。

在工具箱中选择形状工具或钢笔工具，在选项栏中选择【形状】模式，在图像中绘制，如图 4-50 所示，即可在形状图层上创建形状（图 4-51）。

图 4-50

图 4-51

3. 在一个图层上创建多个形状

Adobe Photoshop 2020 软件可以在图层中绘制单独的形状，也可以通过使用【路径操作】按钮中的【合并形状】【减去顶层形状】【与形状区域相交】或【排除重叠形状】等选项来修改图层中的当前形状。

在工具箱中选择形状工具、钢笔工具或者路径选择工具，在选项栏中单击【路径操作】按钮▣，在弹出的列表中可选择不同的路径组合方式，如图 4-52 所示。

（1）合并形状：将新的区域添加到现有形状或路径中，如图 4-53 所示。

（2）减去顶层形状：将重叠区域从现有形状或路径中移去，如图 4-54 所示。

（3）与形状区域相交：将区域限制为新区域与现有形状或路径的交叉区域，如图 4-55 所示。

（4）排除重叠形状：从新区域和现有区域的合并区域中排除重叠区域，如图 4-56 所示。

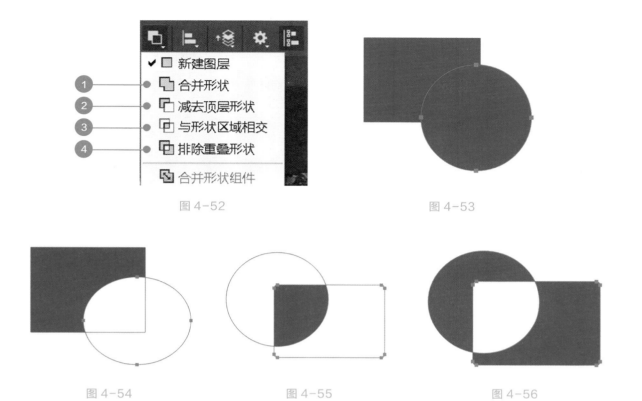

图 4-52　　　　　　　　　　　　　　　　　　　　图 4-53

图 4-54　　　　　　　　　　图 4-55　　　　　　　　　　图 4-56

注意：要移动路径，可单击工具箱中的【路径选择工具】 ▶（快捷键 A），在路径上单击鼠标左键，可以选择或移动整个路径；按住 Shift 键不放，可选择多条路径；按住 Alt 键并拖曳路径，可复制当前路径。

4. 圆角矩形工具

步骤一：使用圆角矩形工具可以绘制出圆角矩形或圆角正方形。圆角矩形工具的使用方法与矩形选框工具相似，选择该工具之后，在图像中单击并拖动鼠标，就可以绘制出圆角矩形，结合 Shift 键可绘制圆角正方形。打开素材文件"水果组合"（图 4-57），单击工具箱中的【矩形工具】按钮 ▢（快捷键 U）。

步骤二：在工具选项栏中选择工具模式为【形状】，单击【填充】色块，在展开的面板中单击右上角的【拾色器】按钮，如图 4-58 所示。

步骤三：打开【拾色器（填充颜色）】对话框，输入颜色值为 R: 160、G: 0、B: 10，单击【确定】按钮，如图 4-59 所示。

步骤四：在【图层】面板中选择【背景】图层，将鼠标移动到需要绘制矩形的位置，单击并向右下角拖动至合适大小后，释放鼠标，即可绘制出矩形，并应用之前设置的填充颜色填充矩形，如图 4-60 所示。

图 4-57

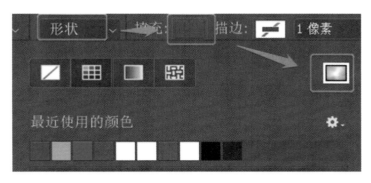

图 4-58

图 4-59　　　　　　　　　　　　　　　　　　　　图 4-60

步骤五：继续使用圆角矩形工具在文字下方的适当位置绘制出圆角矩形，绘制完成后，在【图层】面板中的圆角矩形 1 的缩览图上双击鼠标左键，在弹出的【拾色器（纯色）】对话框中将颜色值修改为 R：251、G：101、B：124。效果如图 4-61 所示。

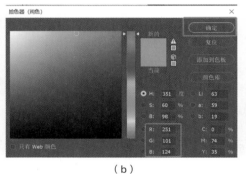

（a）　　　　　　　　　　　（b）　　　　　　　　　　　（c）

图 4-61

5. 多边形工具

应用多边形工具可以绘制任意边数的图形。选择多边形工具后，单击工具选项栏中的【几何体选项】按钮，在展开的面板中可以设置多边形的半径、平滑拐角等选项，还可以启用星形绘制效果。

步骤一：打开素材文件"圣诞节礼物 .jpg"，按住【矩形工具】按钮□不放，在展开的工具组中选择【多边形工具】◎，如图 4-62 所示。

步骤二：在选项栏中选择【形状】工具模式，单击【填充】色块，在展开的面板中设置填充颜色，单击【描边】色块，设置描边颜色，如图 4-63 所示。

步骤三：输入【边】为 6，单击【几何体选项】按钮，勾选【星形】复选框，输入【缩进边依据】为 40%，在图像的适当位置单击鼠标左键并拖动鼠标，绘制出星形，如图 4-64 所示。

步骤四：继续使用多边形工具在画面中绘制更多不同大小的星形，如图 4-65 所示。

图 4-62

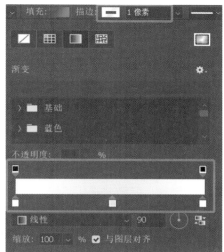

图 4-63

图 4-64

图 4-65

6. 直线工具

直线工具用于绘制不同粗细的直线段，可以通过设置粗细值来控制要绘制的直线段的宽度，还可以单击【几何体选项】按钮，在展开的面板中勾选【起点】或【终点】复选框，在直线段单侧或双侧添加箭头效果。

步骤一：打开素材"商品尺码表 .jpg"（图 4-66），在图像窗口中显示打开的图像效果。

衣服尺码表：

规格	165/84A	170/88A	175/92A	180/96A	185/100A	190/104A		
部位	165（S）	170（L）	175（XL）	180（XXL）	185（XXXL）	190（XXXXL）		
肩宽	45.5	47	48.5	50	51.5	53		
胸围	100	104	108	112	116	120		
袖长	22	23	23.5	24	24	24.5		
衣长	68	70	72	74	76	78		

图 4-66

步骤二：选择【直线工具】 ，选择模式为【形状】，设置填充颜色为 R：67、G：67、B：67，取消描边颜色，输入【粗细】为 3 像素，按住 Shift 键不放，单击并拖动鼠标，绘制直线，如图 4-67 所示。

步骤三：在选项栏中将【粗细】改为 1 像素，按住 Shift 键不放，在右侧单击并拖动鼠标，绘制一条更细的直线，如图 4-68 所示。

步骤四：单击工具选项栏中的【路径操作】按钮 ，在展开的列表中单击【新建图层】选项，在"肩宽"一行最后空白的格中绘制一条斜线，如图 4-69 所示。

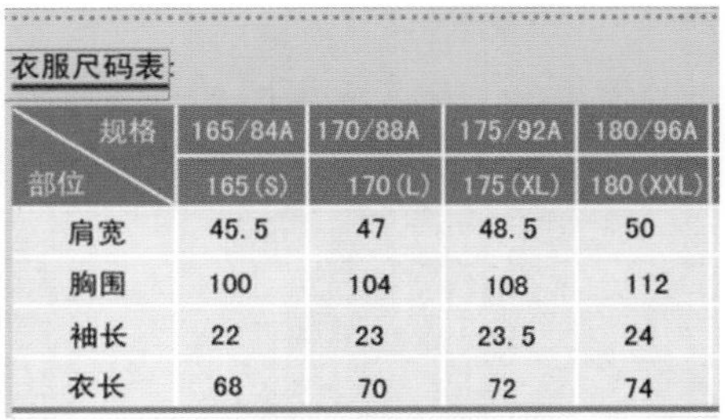

步骤五：选中绘制的斜线，连续多次按快捷键 Ctrl+J，复制出更多斜线，并移动到相应位置（垂直或水平移动可结合 Shift 键），完成商品尺码表的设计，如图 4-70 所示。

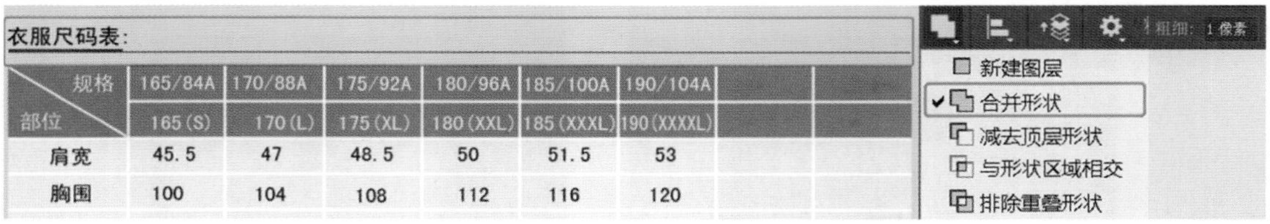

衣服尺码表:

规格 / 部位	165/84A / 165 (S)	170/88A / 170 (L)	175/92A / 175 (XL)	180/96A / 180 (XXL)
肩宽	45.5	47	48.5	50
胸围	100	104	108	112
袖长	22	23	23.5	24
衣长	68	70	72	74

图 4-67

衣服尺码表:

规格 / 部位	165/84A / 165 (S)	170/88A / 170 (L)	175/92A / 175 (XL)	180/96A / 180 (XXL)	185/100A / 185 (XXXL)	190/104A / 190 (XXXXL)
肩宽	45.5	47	48.5	50	51.5	53
胸围	100	104	108	112	116	120

新建图层
✓ 合并形状
减去顶层形状
与形状区域相交
排除重叠形状

图 4-68

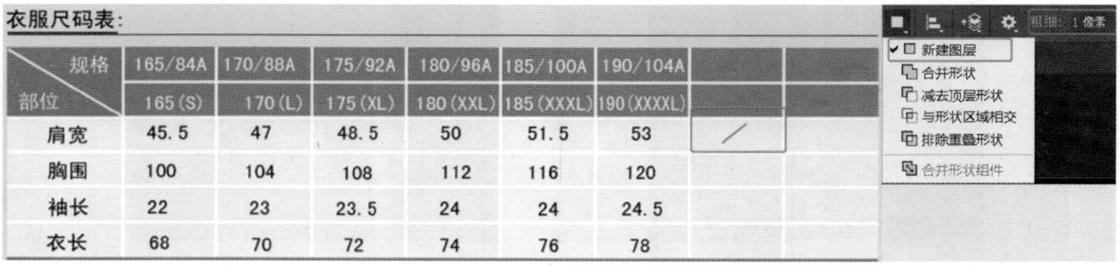

衣服尺码表:

规格 / 部位	165/84A / 165 (S)	170/88A / 170 (L)	175/92A / 175 (XL)	180/96A / 180 (XXL)	185/100A / 185 (XXXL)	190/104A / 190 (XXXXL)
肩宽	45.5	47	48.5	50	51.5	53
胸围	100	104	108	112	116	120
袖长	22	23	23.5	24	24	24.5
衣长	68	70	72	74	76	78

✓ 新建图层
合并形状
减去顶层形状
与形状区域相交
排除重叠形状
合并形状组件

图 4-69

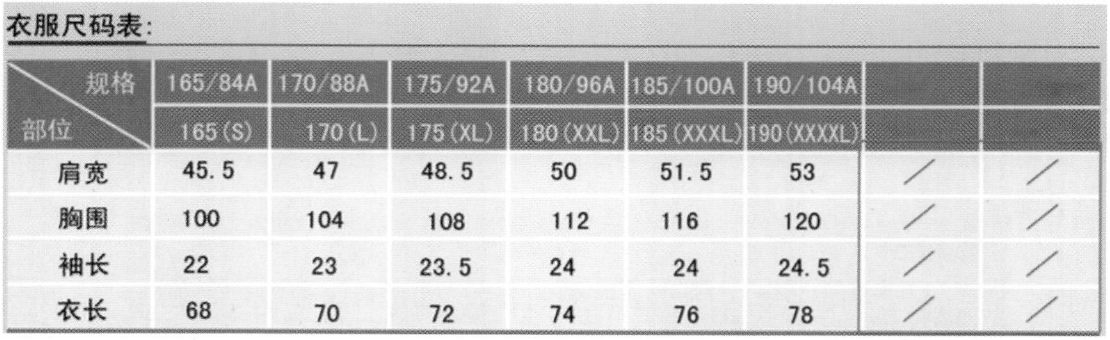

衣服尺码表:

规格 / 部位	165/84A / 165 (S)	170/88A / 170 (L)	175/92A / 175 (XL)	180/96A / 180 (XXL)	185/100A / 185 (XXXL)	190/104A / 190 (XXXXL)		
肩宽	45.5	47	48.5	50	51.5	53	/	/
胸围	100	104	108	112	116	120	/	/
袖长	22	23	23.5	24	24	24.5	/	/
衣长	68	70	72	74	76	78	/	/

图 4-70

7. 自定形状工具

Adobe Photoshop 2020 软件预设了多类几何图形，这些图形被放置在【自定形状】中，用户可选择【自定形状工具】，然后打开自定形状拾色器，选择其中的图形并绘制在画面中。同时，用户还可以将自己绘制的图形添加到自定形状拾色器中，用于更多相同图形的绘制。

步骤一：打开素材"遥指往事 .jpg"，按住【矩形工具】按钮不放，在展开的工具组中选择【自定形状工具】，如图 4-71 所示。

步骤二：在工具选项栏中单击按钮，打开自定形状拾色器，单击选择需要的形状，如图 4-71 所示。

步骤三: 选择工具模式为【形状】，设置填充颜色为白色，取消描边颜色，在图像中适当位置单击并拖动鼠标，绘制图形，并输入合适的文字，如图 4-72 所示。

图 4-71

图 4-72

三、学习任务小结

通过本次学习任务，同学们初步掌握了 Adobe Photoshop 2020 软件中的矢量绘图工具的使用方法，如矩形工具、圆角矩形工具、椭圆工具、多边形工具、直线工具、自定形状工具等，为今后进行图形图像设计与处理提供了更丰富的表现手法。

四、课后作业

（1）收集 6 幅优秀的广告设计作品进行赏析，分析每幅作品效果所使用的 Adobe Photoshop 2020 形状工具及制作技巧。

（2）选择 1 幅广告创意作品进行效果设计并借助所学矢量绘图工具。

扫描二维码
获取本章更多素材

广告设计图像后期处理
（Photoshop）

项目五
蒙版与通道实训

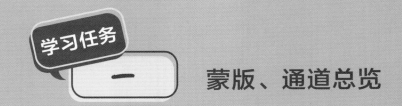

学习任务 一 蒙版、通道总览

教学目标

（1）专业能力：掌握蒙版、通道的基本知识及使用技巧。

（2）社会能力：能灵活运用蒙版、通道进行平面设计作品制作。

（3）方法能力：信息和资料的搜集能力、案例分析能力。

学习目标

（1）知识目标：掌握蒙版、通道的使用方法和技巧。

（2）技能目标：能运用快速蒙版、图层蒙版、矢量蒙版、剪切蒙版、通道进行作品制作。

（3）素质目标：能够清晰地表达自己的设计过程和思路，具备较好的语言表达能力。

教学建议

1. 教师活动

（1）教师展示课前收集的设计作品 psd 源文件，带领学生分析源文件中图层应用的效果及图层之间的关系。

（2）教师示范快速蒙版、图层蒙版、矢量蒙版、剪切蒙版、通道命令的操作方法。

（3）引导学生分析其制作方法及过程，并应用到自己的练习作品中。

2. 学生活动

（1）看教师示范快速蒙版、图层蒙版、矢量蒙版、剪切蒙版、通道命令的操作方法，并在教师的指导下进行课堂实训练习。

（2）展示和讲解课堂实训作业，积极参与到学习中，激发自主学习的能力。

一、学习问题导入

各位同学，大家好！本次学习任务我们一起来学习蒙版和通道的使用方法。蒙版和通道是 Photoshop 中重要的知识点，利用蒙版和通道工具可以进行图片的合成、选区的绘制、颜色的调制。

二、学习任务讲解

1. 蒙版

蒙版在 Photoshop 中主要是用于选区的绘制和图片合成，Photoshop 蒙版共有以下四类。

（1）快速蒙版。

快速蒙版是一种临时蒙版，可以快速将选区范围转为蒙版，然后在快速蒙版编辑模式下进行编辑，当转为标准编辑模式时，未被蒙版遮住的部分就会变成选区范围。

打开一幅图像，效果如图 5-1 所示。选择【钢笔工具】，绘制选区，如图 5-2 所示。单击工具箱下方的【以快速蒙版模式编辑】按钮，进入蒙版状态，选区暂时消失，图像中未选择的区域变为红色，如图 5-3 所示。

选择【画笔工具】，在画笔工具属性中进行设定，如图 5-4 所示。将前景色设为白色，将快速蒙版中左侧的头发涂抹白色，图像效果如图 5-5 所示，点击【以快速蒙版模式编辑】按钮退出快速蒙版模式，现在左侧头发被选中，效果如图 5-6 所示。

图 5-1

图 5-2

图 5-3

图 5-4

图 5-5

图 5-6

（2）图层蒙版。

图层蒙版主要是用来遮盖图层的，实际效果就是在上方图层局部变成透明后使下层能部分显示，如图5-7所示。图层蒙版中，黑色能使本层图像透明，白色使本层图像恢复显示，灰色（或黑色的画笔半透明）能将本层图像控制为半透明。

① 图层蒙版的使用技巧一。

前景色为黑色，用画笔在蒙版缩览图中操作，被操作的区域就透明了，显示下层的图像，操作时画笔从外到里操作；前景色为白色，用画笔在蒙版缩览图中操作，被操作的区域就还原显示本层图像，操作时画笔从里往外操作。

② 图层蒙版的使用技巧二。

当图层里有了选区，再添加图层蒙版，则选区内保留显示，选区外被遮住；按住 Alt 键再添加图层蒙版，则正好相反。

（3）矢量蒙版。

矢量蒙版是通过钢笔或形状工具创建路径后建立的蒙版。

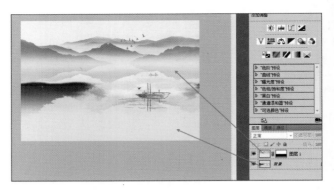

图 5-7

图 5-8

打开一幅图像，效果如图5-8所示。选择【自定形状】工具，在属性栏中的【选择工具模式】选项中选择【路径】，在形状选择面板中选择"红心形卡"图形，如图5-9所示。在图像窗口中绘制路径，如图5-10所示。选中"图层0"，选择【图层】→【矢量蒙版】→【当前路径】命令，为"图层0"添加矢量蒙版，如图5-11所示。

（4）剪切蒙版。

剪切蒙版要用到两层图层，下面一层相当于底板，上面一层相当于彩纸，创建剪切蒙版就是把上层的彩纸贴到下层的底板上，下层底板是什么形状，剪切出来的效果就是什么形状。剪切蒙版效果如图5-12所示。

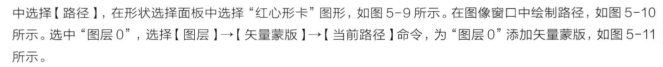

图 5-9

图 5-10

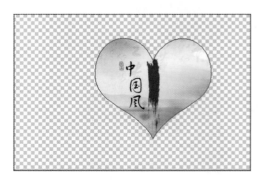

图 5-11

2. 通道

（1）通道的介绍。

① 通道的概念。

通道是存储不同类型信息的灰度图像。根据图像不同的颜色模式，Photoshop 会自动创建不同的通道。一个图像最多可有 56 个通道。所有的新通道都具有与原图像相同的尺寸和像素数目。

② 通道的分类。

图 5-12

通道可分为颜色通道、复合通道、专色通道 、Alpha 通道。

a. 颜色通道。

当打开图像文件时，就会自动创建颜色信息通道，每个通道以灰度图形式展示，不同灰度的像素点记录颜色的位置和数值。根据图像的颜色模式，Photoshop 会自动创建一个可以编辑图像的复合通道和不同数量的颜色通道，例如以下几种模式。

Ⅰ. 位图模式的图像只有一个通道，只记录黑色、白色两个色阶的信息。

Ⅱ. 灰度模式的图像也只有一个通道，但该通道可以记录从黑色到白色的 256 个色阶的信息。

Ⅲ. RGB 模式的图像有 4 个通道，1 个 RGB 复合通道和 3 个颜色通道：红色、绿色和蓝色通道。

Ⅳ. CMYK 模式的图像有 5 个通道，1 个 CMYK 复合通道和 4 个颜色通道：青色、洋红色、黄色和黑色通道。

b. 复合通道。

复合通道是由多个通道组合而成的综合通道，可以同时预览所有颜色通道中的效果。

c. 专色通道。

专色通道用于储存专色油墨印刷的附加颜色信息。印刷图像时，采用的是印刷色 (CMYK) 油墨，只有青色、洋红色、黄色和黑色 4 种颜色。专色是特殊的预混油墨，可以替代或补充印刷色 (CMYK) 油墨。如果需要印刷专色油墨，如金色、银色、荧光色等，则需要专用的印版。可以创建存储这些颜色的专色通道，每一个专色通道对应一种专色油墨，通过专色通道，记录和存储颜色的位置和数值。

d. Alpha 通道。

Alpha 通道是计算机图形学中的术语，是指一张图片的透明和半透明度。在 Photoshop 中，可以通过 Alpha 通道把选区存储为灰度图像，也可以把通道中的灰色图像载入选区。另外，由于图层蒙版存储在 Alpha 通道中，因此可以添加 Alpha 通道来创建和存储蒙版。

通道面板如图 5-13 所示。

【将通道作为选区载入】按钮■：选择要载入选区的通道，单击将通道作为选区载入按钮，可以载入通道中的选区。此外，按住 Ctrl 键的同时用鼠标左键单击通道，也可载入选区 。

【将选区储存为通道】按钮■：如在图像中已创建了选区，单击将选区储存为通道按钮，可以将选区保存到一个新的 Alpha 通道中。

【创建新通道】按钮■：可以创建新的 Alpha 通道。

【删除当前通道】按钮■：可以删除当前通道。如删

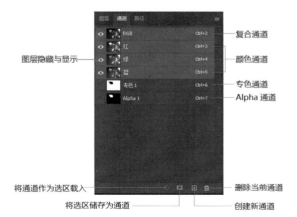

图 5-13

除的是颜色通道,剩余的颜色通道将发生变化,例如RGB模式下删除了蓝色通道,红色、绿色通道会变为洋红色、青色通道。

③ 通道的原理。

每一个通道都是一个灰度图,对应的颜色比例是用黑白灰进行显示的。当通道图像显示为黑色时,表示该颜色比例为0,当通道图像显示为白色时,表示该颜色比例为100%。不同的灰度值,代表不同的颜色比例,越接近白色,颜色占比越高。

如图5-14中,荷花是偏红色的,莲蓬偏绿色。所以在红色通道中,荷花的区域倾向于白色,说明红色比例较高,而莲蓬的区域倾向于灰色,说明红色比例较低,如图5-15所示。

| 图 5-14 | 图 5-15 |

（2）通道的基本编辑。

① 选择和编辑通道。

a. 如果需要选择一个通道,可以单击通道名称。按住 Shift 键单击可选择（或取消选择）多个通道。

b. 如果需要编辑某个通道,要先选择该通道,然后使用绘画工具在图像中绘画。用白色绘画可以按100%的强度添加该通道的颜色;用灰色值绘画可以按比值添加该通道的颜色;用黑色绘画可删除该通道的颜色。如图5-16所示,在红色通道中,使用黑色绘图,可删除莲蓬中的红色。最终效果如图5-17所示。

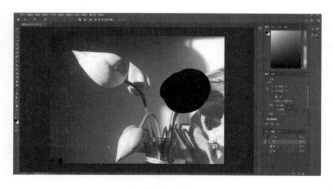

| 图 5-16 | 图 5-17 |

② 创建专色通道。

a. 从【通道】面板菜单中选取【新建专色通道】,如图5-18所示。

b. 在【新建专色通道】对话框中,输入专色通道的名称。单击【颜色框】,然后在拾色器中选取一种颜色。在【密度】中输入介于 0% ～ 100% 的值,来模拟印刷的专色的密度,如图5-19所示。

③ 创建 Alpha 通道。

点击【创建新通道】按钮 ，可以创建新的 Alpha 通道。或点击鼠标右键从【通道】面板菜单中选取【新建通道】，在弹出的选框中给通道命名，选择蒙版区域、颜色和不透明度，点击【确定】，如图 5-20 所示。

图 5-18

图 5-19

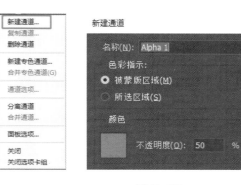

图 5-20

④ 复制、删除通道。

a. 复制图层：对着通道点击鼠标右键，在弹出的菜单栏中点击【复制通道】。或从【通道】面板菜单中选取【复制通道】，在弹出的选框中给通道命名，选择要复制的目标文档，点击【确定】，如图 5-21 所示。

b. 删除图层：选择要删除的通道，点击鼠标右键，在弹出的菜单栏中点击【删除通道】；或从【通道】面板菜单中选取【删除通道】，在弹出的选框中，点击【确定】；或直接点击【删除当前通道】按钮 ，均可删除选中的通道，如图 5-22 所示。

图 5-21

图 5-22

三、学习任务小结

本次学习任务学习了蒙版和通道的使用方法，并通过案例制作练习让同学们掌握了蒙版和通道的使用技巧。在 Adobe Photoshop 2020 中，蒙版和通道是常用的工具，课后还需要同学们对其操作方法多加练习，通过练习巩固操作技能。

四、课后作业

（1）每位同学分别创建快速蒙版、图层蒙版、矢量蒙版、剪切蒙版。

（2）观察图像在 CMYK、RGB、Lab 下通道面板的区别。

学习任务

二 矢量蒙版

教学目标

（1）专业能力：掌握矢量蒙版的使用方法和技巧。

（2）社会能力：能灵活运用矢量蒙版进行平面设计作品制作。

（3）方法能力：具备信息和资料的搜集能力、案例分析能力。

学习目标

（1）知识目标：掌握矢量蒙版的创建、删除、修改的方法。

（2）技能目标：能运用矢量蒙版命令为图层添加矢量蒙版，制作平面设计作品。

（3）素质目标：能够清晰地表达自己的设计过程和思路，具备较好的语言表达能力。

教学建议

1. 教师活动

（1）教师展示课前收集的设计作品psd源文件，带领学生分析源文件中图层应用的效果及图层之间的关系。

（2）教师示范矢量蒙版的操作方法。

（3）引导学生分析其制作方法及过程，并应用到自己的练习作品中。

2. 学生活动

（1）看教师示范矢量蒙版的操作方法，并在教师的指导下进行课堂实训练习。

（2）展示和分析课堂实训作业，积极参与到学习中，激发自主学习的能力。

一、学习问题导入

各位同学，大家好！本次学习任务我们一起来学习矢量蒙版的使用方法。矢量蒙版是蒙版中的一种类型，矢量蒙版依附图层而存在，其本质为使用路径制作蒙版遮挡路径覆盖的图像区域，显示无路径覆盖的图像区域。下面我们一起通过案例的制作来学习矢量蒙版。

二、学习任务讲解

1. 实训案例：制作矢量蒙版效果

使用矢量蒙版命令为图层添加矢量蒙版；使用图层样式命令为图层添加特殊效果；使用文字工具添加文字，效果如图 5-23 所示。

（1）打开素材文件，如图 5-24 所示。

图 5-23

图 5-24

（2）双击图层面板的【指定图层部分锁定】按钮🔒对图层进行解锁，生成"图层 0"。

（3）新建一个图层并将其命名为"红色背景"，设置前景色为红色（其 R、G、B 的值分别为 255、77、73），用油漆桶工具给"红色背景"图层填充红色。

（4）利用【移动工具】➕将"红色背景"图层拖至底层。

图 5-25

（5）选中"图层 0"，选择【自定形状工具】，单击属性栏中的【形状】选项，弹出【形状】面板，单击面板右上方的黑色按钮，在弹出的菜单中选择【全部】选项，弹出提示对话框，单击【追加】按钮。在【形状】面板中选中需要的图形，如图 5-25 所示。在属性栏中的【选择工具模式】选项中选择【路径】选项，在图像窗口中绘制一个路径，如图 5-26 所示。

（6）选择【图层】→【矢量蒙版】→【当前路径】命令，创建矢量蒙版，效果如图

图 5-26

5-27 所示。单击【图层】控制面板下方的【添加图层样式】按钮 **fx** ，在弹出的菜单中选择【描边】命令，弹出对话框，设置描边颜色为粉色（其 R、G、B 的值分别为 255、206、199），其他选项的设置如图 5-28 所示。选择【内阴影】选项，切换到相应的对话框，选项的设置如图 5-29 所示。选择【斜面和浮雕】选项，切换到相应的对话框，选项的设置如图 5-30 所示，单击【确定】按钮，效果如图 5-31 所示。

图 5-27

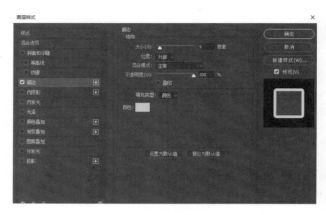

图 5-28

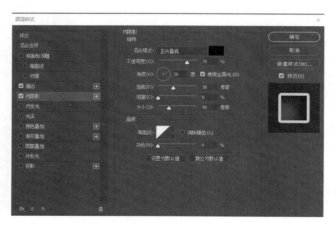

图 5-29

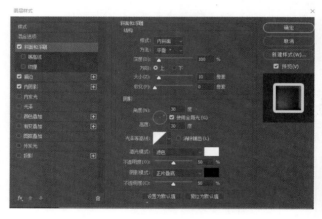

图 5-30

图 5-31

（7）选择【移动工具】，单击蒙版缩览图，进入蒙版编辑状态，如图 5-32 所示。选择【自定形状工具】，单击属性栏中的【形状】选项，选中需要的图形，在窗口中绘制一个路径，效果如图 5-33 所示。使用相同的方法绘制其他图形，效果如图 5-34 所示。

（8）设置前景色为黄色（其 R、G、B 的值分别为 253、131、50），选择【横排文字工具】，输入需要的文字，在属性栏设置字体属性，效果如图 5-35 所示。

图 5-32

图 5-33

图 5-34

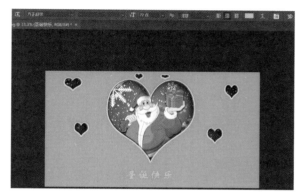

图 5-35

三、学习任务小结

本次学习任务主要学习了矢量蒙版的使用方法。矢量蒙版是通过形状控制图像显示区域的，它只能作用于当前图层。其本质是使用路径制作蒙版，遮盖路径覆盖的图像区域，显示无路径覆盖的图像区域。矢量蒙版可以通过形状工具创建，也可以通过钢笔工具绘制路径来创建。

四、课后作业

请简述如何删除矢量蒙版。

学习任务 三　剪切蒙版

教学目标

（1）专业能力：掌握剪切蒙版的使用方法和技巧。

（2）社会能力：能灵活运用剪切蒙版进行作品制作。

（3）方法能力：信息和资料的搜集能力、案例分析能力。

学习目标

（1）知识目标：掌握剪切蒙版的创建、删除、修改。

（2）技能目标：能运用剪切蒙版命令为图层添加剪切蒙版，制作平面设计作品。

（3）素质目标：能够清晰地表达自己的设计过程和思路，具备较好的语言表达能力。

教学建议

1. 教师活动

（1）教师展示课前收集的平面设计作品 psd 源文件，带领学生分析源文件中图层应用的效果及图层之间的关系。

（2）教师示范剪切蒙版的操作方法。

（3）引导学生分析其制作方法及过程，并应用到自己的练习作品中。

2. 学生活动

（1）看教师示范剪切蒙版的操作方法，并在教师的指导下进行课堂实训练习。

（2）展示和分析课堂实训作业，积极参与到学习中，激发自主学习的能力。

一、学习问题导入

各位同学，大家好！本次学习任务我们一起来学习剪切蒙版的使用方法。剪切蒙版的原理是使用处于下方图层的形状来限制上方图层的显示状态。剪切蒙版由两部分组成：一部分为形状层，用于定义显示图像的范围或形状；另一部分为内容层，用于存放将要表现的图像内容。使用剪切蒙版能在不影响原图像的同时有效地完成剪切制作。

二、学习任务讲解

1. 剪切蒙版知识点

创建剪切蒙版，设计好的图像效果如图 5-36 所示。图层控制面板中的效果如图 5-37 所示。按住 Alt 键的同时，将鼠标放置到"图层 0"和"图层 1"的中间位置，光标变为 ，单击鼠标，制作图层的剪切蒙版，如图 5-38 所示。图像窗口中的效果如图 5-33 所示。用【移动工具】 可以随时移动"图层 1"图像，效果如图 5-39 所示。

如果要取消剪切蒙版，可以选中剪切蒙版组中上方的图层，选择【图层】→【释放剪切蒙版】命令，或按住 Alt+Ctrl+G 组合键即可。

图 5-36

图 5-37

图 5-38

图 5-39

2. 课堂实训案例：制作儿童照片

（1）按 Ctrl+O 组合键，打开素材包中的"相框"文件，如图 5-40 所示。

（2）用椭圆选框工具选取"相框"文件中左边那个粉色圆，效果如图 5-41 所示。按 Ctrl+C 组合键，复制选区内的内容，按 Ctrl+V 组合键，粘贴选区内的内容。

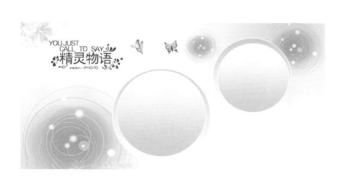

图 5-40

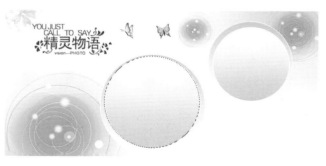

图 5-41

（3）按照步骤（2）的操作完成"相框"文件中右边粉色圆圈的复制、粘贴，最终图层面板的效果如图5-42所示。

（4）按Ctrl+O组合键，打开素材包中的"人物1"文件，选择【移动工具】▶+，将人物图片拖曳到图像窗口中适当的位置，调整图片大小并将其调整到"右圆"图层上层。效果如图5-43所示。

图5-42　　　　　　　　　　　图5-43

（5）将鼠标光标移至【图层】控制面板，将鼠标光标置于"人物1"和"右圆"两个图层之间，按住Alt键，当光标变为▇▇，单击鼠标，完成剪切蒙版的制作。效果如图5-44所示。

（6）按Ctrl+O组合键，打开素材包中的"人物2"文件，选择【移动工具】▶+，将人物图片拖曳到图像窗口中适当的位置，调整图片大小并将其调整到"左圆"图层上层。效果如图5-45所示。

（7）将鼠标光标移至【图层】控制面板，将鼠标光标置于"人物2"和"左圆"两个图层之间，按住Alt键，当光标变为▇▇，单击鼠标，完成剪切蒙版的制作。效果如图5-46所示。

（8）选择"右圆"，单击【图层】控制面板下方的【添加图层样式】按钮ƒx，在弹出的菜单中选择【外发光】命令，弹出对话框，选项的设置如图5-47所示。

图5-44　　　　　　　　　　　图5-45

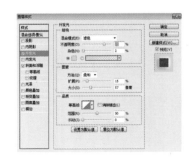

图5-46　　　　　　　　　　　图5-47

（9）单击【图层】控制面板下方的【添加图层样式】按钮 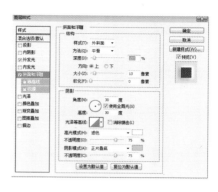，在弹出的菜单中选择【斜面和浮雕】命令，弹出对话框，选项的设置如图 5-48 所示。单击【确定】按钮，效果如图 5-49 所示。

图 5-48

图 5-49

三、学习任务小结

本次学习任务主要学习了剪切蒙版的使用方法。剪切蒙版需要用到两个图层，下层是底板，上层是彩纸，剪切蒙版就是把上层的彩纸贴到下层的底板上，下层是什么形状，剪切出来的效果就是什么形状。课后，同学们要对本次学习任务所学的操作技能进行反复练习，进一步熟悉剪切蒙版的使用方法。

四、课后作业

（1）请简述如何删除剪切蒙版。

（2）请简述剪切蒙版的制作过程。

学习任务 （四） 图层蒙版

教学目标

（1）专业能力：掌握图层蒙版的使用方法和技巧。

（2）社会能力：能灵活运用图层蒙版制作平面设计作品。

（3）方法能力：信息和资料的搜集能力、案例分析能力。

学习目标

（1）知识目标：掌握图层蒙版的创建、删除、修改的方法。

（2）技能目标：能运用图层蒙版命令为图层添加剪切蒙版，并制作平面设计作品。

（3）素质目标：能够清晰地表达自己的设计过程和思路，具备较好的语言表达能力。

教学建议

1. 教师活动

（1）教师展示课前收集的平面设计作品 psd 源文件，带领学生分析源文件中图层应用的效果及图层之间的关系。

（2）教师示范图层蒙版的操作方法。

（3）引导学生分析其制作方法及过程，并应用到自己的练习作品中。

2. 学生活动

（1）看教师示范图层蒙版的操作方法，并在教师的指导下进行课堂实训练习。

（2）展示和分析课堂实训作品，积极参与到学习中，激发自主学习的能力。

一、学习问题导入

各位同学，大家好！本次学习任务我们一起来学习图层蒙版的使用方法。图层蒙版是依附于图层而存在的，通过在图层面板上涂抹黑、白、灰三种类型的颜色来达到遮挡效果。图层蒙版是 Photoshop 软件较为常用的工具，需要通过练习掌握其使用技巧。

二、学习任务讲解

1. 图层蒙版知识点

（1）添加图层蒙版。

使用控制面板按钮或快捷键：单击【图层】控制面板下方的【添加图层蒙版】按钮，可以创建一个图层的蒙版，如图 5-50 所示；按住 Alt 键，单击【图层】控制面板下方的【添加图层蒙版】按钮，可以创建一个遮盖图层全部的蒙版，如图 5-51 所示。

执行菜单【图层】→【图层蒙版】→【显示全部】命令，效果如图 5-50 所示。选择【图层】→【图层蒙版】→【隐藏全部】命令，效果如图 5-51 所示。

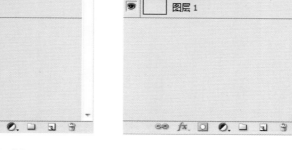

图 5-50 　　　　　　　　　图 5-51

（2）图层蒙版的链接。

在【图层】控制面板中，图层缩览图与图层蒙版缩览图之间存在链接图标，当图层图像与蒙版关联时，移动图像时蒙版会同步移动，单击链接图标，将不显示此图标，可以分别对图像与蒙版进行操作。

（3）删除图层蒙版。

选择【图层】→【图层蒙版】→【停用】命令，或按 Shift 键的同时单击【图层】控制面板中的图层蒙版缩览图，图层蒙版被停用，图像将全部显示。按住 Shift 键，再次单击图层蒙版缩览图，将恢复图层蒙版效果。

2. 课堂实训案例：制作风景画

（1）按 Ctrl+O 组合键，打开素材包中的"风景 1"文件，如图 5-52 所示。

（2）按 Ctrl+O 组合键，打开素材包中的"风景 2"文件，选择【移动工具】，将图片拖曳到"风景 1"图像窗口中适当的位置，并调整图片大小。效果如图 5-53 所示。

图 5-52   图 5-53

（3）选中"图层1"，单击【图层】控制面板下方的【添加图层蒙版】按钮 ，为"图层1"添加蒙版，如图 5-54 所示。

（4）选择【画笔工具】，设置画笔属性，如图 5-55 所示。

（5）单击蒙版缩览图，设置前景色为"黑色"，用画笔在蒙版上涂抹，遮挡不要的内容，效果如图 5-56 所示。【图层】控制面板效果如图 5-57 所示。

图 5-54

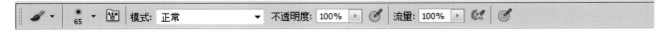

图 5-55

图 5-56   图 5-57

三、学习任务小结

本次学习任务主要学习了图层蒙版的使用方法。图层蒙版主要起遮挡作用，在图层蒙版中，黑色能使本层图像透明，白色使本层图像恢复显示，灰色（或黑色的画笔半透明）能将本层图像控制为半透明。课后，大家要针对本次学习任务所学技能进行反复练习，进一步熟悉图层蒙版的使用技巧。

四、课后作业

（1）图层蒙版经常与哪些工具配合使用？在图层蒙版涂抹黑色、白色、不同浓度的灰色分别有什么效果？

（2）请利用素材包的资料，完成动物创意合成，效果如图 5-58 所示。

图 5-58

学习任务 5 编辑通道

教学目标

（1）专业能力：掌握通道基本应用知识及技巧。

（2）社会能力：能灵活应用编辑通道进行平面设计作品制作。

（3）方法能力：信息和资料的搜集能力、案例分析能力。

学习目标

（1）知识目标：掌握编辑通道的使用方法和技巧。

（2）技能目标：能运用通道的原理对毛发、玻璃等特殊物质进行精准抠图。

（3）素质目标：能够清晰地表达自己的设计过程和思路，具备较好的语言表达能力。

教学建议

1. 教师活动

（1）教师展示课前收集的平面设计作品 psd 源文件，带领学生分析源文件中图像各通道的特点和表达颜色的信息。

（2）教师示范将通道作为选区载入、将选区储存为通道、创建新通道等命令的操作方法。

（3）引导学生分析其制作方法及过程，并应用到自己的练习作品中。

2. 学生活动

（1）看教师示范编辑通道的使用方法，并指导学生进行课堂实训练习。

（2）展示和分析课堂实训作业，积极参与到学习中，激发自主学习的能力。

一、学习问题导入

各位同学，大家好！我们之前学习过一些抠图的方法，但对于毛发、玻璃等特殊物质应该怎样操作才能精准地把它们抠出来呢？本次学习任务我们一起来学习应用编辑通道进行精细抠图的方法。通过通道的编辑，我们可以对偏色的图像进行校正，还可以对毛发、玻璃等特殊物质进行精准抠图。

二、学习任务讲解

1. 通道的应用

在 Adobe Photoshop 2020 中，要想长久地存储一个选区，可以将该选区存储为 Alpha 通道。将选区存储为 Alpha 通道后，就可以随时重新加载此选区，甚至可以将此选区加载到其他图像。

（1）将选区存储到新通道。

如图 5-59 所示，在图像中已创建了选区，如想长时间储存该选区，可单击【将选区储存为通道】按钮，即在通道中创建一个新的 Alpha 通道，其中选区内的区域为白色，选区外的区域为黑色。

（2）从通道载入存储的选区。

【将通道作为选区载入】可以将以前储存在通道中的选区重新载入图像中使用，也可以在 Alpha 通道中修改选区范围后，将选区载入到图像中，如图 5-60 所示。

图 5-59

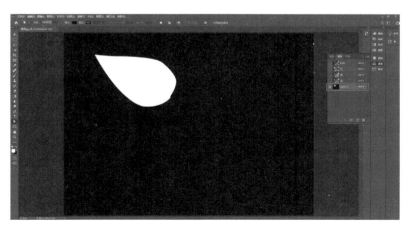

图 5-60

2. 实训案例：使用通道抠出小猫咪

图 5-61 所示是一只可爱的小猫咪，需要把图片背景换成黑白渐变色。由于小猫咪的毛发、须子非常细小，如果用其他工具抠图，无法抠出这么细小的范围，所以须采用通道来进行抠图。下面我们将运用通道抠出这只小猫咪的图片，并更换背景颜色。

图 5-61

步骤一：打开素材图，切换至通道面板，分别点击红、绿、蓝三色通道。从这三个通道中找到小猫咪与背景的黑白色对比最为明显的通道，本图最为明显的是红色通道，因此采用红色通道。复制并点击红色通道副本，隐藏其他通道，如图 5-62 所示。

图 5-62

步骤二：为增加小猫咪和背景颜色的对比度，用快捷键 Ctrl+L 打开色阶面板。如图 5-63 所示，选择【在图像中取样以设置白场】，在小猫咪身上最白处点击鼠标左键，设置白场。如图 5-64 所示，选择【在图像中取样以设置黑场】，在背景最黑处点击鼠标左键，设置黑场。调节色阶的数值，继续加深黑白色对比，如图 5-65 所示。

图 5-63

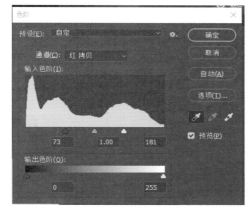

图 5-64   图 5-65

步骤三：设置【前景色】为黑色，选择【画笔工具】把背景部分的杂色绘制成纯黑色，如图 5-66 所示。

步骤四：选择【魔棒工具】，选择黑色背景，如图 5-67 所示。按快捷键 Shift+Ctrl+I，进行反向选择，如图 5-68 所示。

图 5-66   图 5-67

图 5-68

步骤五：点击【RGB 通道】恢复色彩，如图 5-69 所示。切换至图层面板，再点击背景图层，按快捷键 Ctrl+J 进行图层复制，如图 5-70 所示。

步骤六：在背景图层上面增加一个黑白色渐变图层，可以清晰地看到小猫咪的毛发被完整地抠出，如图 5-71 和图 5-72 所示。

图 5-69

图 5-70

图 5-71

图 5-72

三、学习任务小结

本次学习任务主要学习了通道的应用和编辑的方法及步骤，通过案例制作练习，同学们已经初步掌握了通道的使用技巧。在广告设计图像处理中，通道的应用可以帮助我们更好地创建和保存选区，还可以对偏色的图像进行纠正，后期还需要同学们多加练习，通过练习巩固操作技能。

四、课后作业

每位同学分别将选区存储到新通道、把储存在通道中的选区重新载入图像中。

扫描二维码
获取本章更多素材

项目六
高级功能篇

学习任务 一 　滤镜

教学目标

（1）专业能力：了解滤镜的基本知识、分类及运用技巧。

（2）社会能力：能够根据需求选择合适的滤镜进行图片创作。

（3）方法能力：激发学生学习 Photoshop 的兴趣，通过制作作品，使学生学会多种滤镜综合运用，培养学生自主探究、仔细观察的能力，以及乐于尝试的学习态度。

学习目标

（1）知识目标：掌握各种滤镜的使用方法。

（2）技能目标：能运用多个滤镜制作特效图像。

（3）素质目标：增强学生的审美意识和创新能力。

教学建议

1. 教师活动

教师示范滤镜的操作方法，并指导学生进行滤镜实训练习。

2. 学生活动

观看教师示范，并在教师的指导下进行滤镜课堂实训练习。

一、学习问题导入

同学们，大家好！本次学习任务我们一起来学习滤镜的使用方法。滤镜是 Adobe Photoshop 2020 软件中使用非常频繁的工具。通过滤镜的使用，可以帮助用户制作油画效果、扭曲效果、马赛克效果和浮雕等艺术性很强的专业图像效果。接下来，我们将通过对滤镜的常用操作进行介绍，让大家熟悉各种滤镜的使用方法，并能结合滤镜的功能制作特效图像。

二、学习任务讲解

1. 滤镜的基本知识

Adobe Photoshop 2020 软件中滤镜的种类较多，使用不同的滤镜功能可以产生不同的图像效果，但滤镜功能也存在局限性，使用时应该注意以下几点。

（1）滤镜不能应用于位图模式、索引颜色、16 位 / 通道图像。某些滤镜功能只能用于 RGB 图像模式，而不能用于 CMYK 图像模式，用户可通过【模式】命令将其他模式转换为 RGB 模式。

（2）滤镜是以像素为单位对图像进行处理的。因此，在对不同像素的图像应用相同参数的滤镜时，所产生的效果也会不同。

（3）对分辨率较高的图像文件应用某些滤镜功能时，会占用较多的内存空间，造成计算机的运行速度变慢。

（4）在对图像的某一部分应用滤镜效果时，可先羽化选区区域的图像边缘，使其过渡平滑。

（5）在对滤镜进行学习时，不能孤立地看待某一种滤镜效果，应针对滤镜的功能特征进行剖析，以达到真正认识滤镜的目的。

2. 滤镜的使用方法及技巧

在 Adobe Photoshop 2020 软件中，选择【滤镜】菜单将打开【滤镜】菜单项，该菜单项提供了多个滤镜组，滤镜组中还包含了多种不同的滤镜效果。各种滤镜的使用方法基本相同，只需打开并选择需要处理的图像窗口，再选择【滤镜】菜单下相应的滤镜命令，在打开的参数设置对话框中，将各个选项设置为适当的参数后，单击【确定】按钮即可。

滤镜的操作技巧如下。

（1）在【滤镜】对话框中按住 Alt 键，【取消】按钮会变成【复位】按钮，如图 6-1 所示，单击它可以将参数恢复为初始状态。

（2）使用一个滤镜后，【滤镜】菜单中的第一行会出现该滤镜的名称，如图 6-2 所示。单击它或按组合键 Alt+Ctrl+F 可以快速应用这一滤镜。

图 6-1

113

图 6-2

3. 智能滤镜与普通滤镜的区别

智能滤镜是一种非破坏性的滤镜。普通滤镜通过修改像素来呈现特殊效果。智能滤镜呈现相同的效果，但不会改变像素，因为它是作为图层效果出现在【图层】面板中的，并且还可以随时修改参数或删除。

在默认状态下，用滤镜编辑图像时会修改像素。图 6-3 所示的是一个人物图像，图 6-4 所示的是应用【照亮边缘】滤镜处理该人物图像后的效果。从【图层】面板中可以看到，"背景"图层的像素被修改了。如果将图像保存并关闭，就无法恢复原来的效果。

智能滤镜可以将滤镜效果应用于智能对象，不会修改图像的原始数据，如图 6-5 所示。可以看到，它与普通滤镜的效果完全相同。

智能滤镜包含一个类似于图层样式的列表，列表中显示了使用的滤镜，只要单击智能滤镜前面的 ◉ 图标，将滤镜效果隐藏（或将其删除），即可恢复原始图像，如图 6-6 所示。

图 6-3

图 6-4

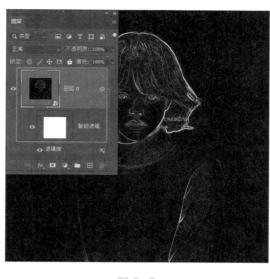

图 6-5

图 6-6

注意：除【液化】和【消失点】等少数滤镜之外，其他的都可以作为智能滤镜使用。

4. 认识滤镜库

Adobe Photoshop 2020 软件中的滤镜库是一个整合了【风格化】【画笔描边】【扭曲】【素描】【纹理】【艺术效果】6 个滤镜组的对话框，它可以将多个滤镜同时应用于同一图像，也能对同一图像多次应用同一滤镜，或者用其他滤镜替换原有的滤镜，如图 6-7 所示。

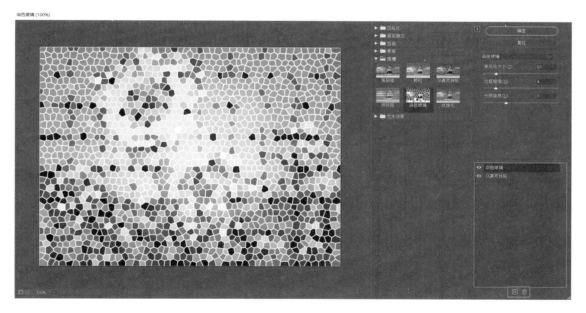

图 6-7

5. 液化滤镜

使用液化滤镜可以对图像的任意部分进行各种类似液化效果的变形处理，如收缩、膨胀、旋转等，多用于人物修身。在液化过程中，可以通过设置右侧属性参数，对各种效果程度进行随意控制，如图 6-8 所示。使用液化滤镜是修饰图像和创建艺术效果的有效方法。

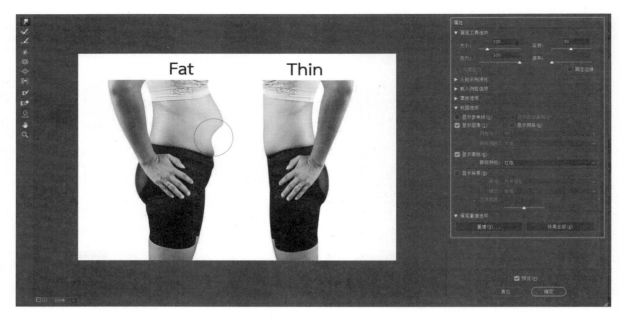

图 6-8

6. 镜头校正滤镜

使用相机拍摄照片时可能因为一些外在因素造成如镜头失真、晕影、色差等情况，可通过镜头校正对图像进行校正，修复因为镜头的关系而出现的问题。

7. Camera Raw 滤镜

Camera Raw 滤镜主要是用来处理数码相机拍摄的图片，其功能主要有调色、增加质感、磨皮、后期及统一标准。

8. 自适应广角滤镜

自适应广角滤镜能对图像的范围进行调整，使图像得到类似使用不同镜头拍摄的视觉效果。

9. 实训案例：使用滤镜制作马赛克拼贴效果

步骤一：打开素材文件"海底世界 .jpg"图片。

步骤二：执行【滤镜】→【滤镜库】→【纹理】→【马赛克拼贴】命令，设置拼贴大小为 100，缝隙宽度为 8，加亮缝隙为 5，参数设置如图 6-9 所示。确定后得到如图 6-10 所示的效果。

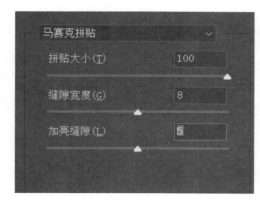

图 6-9

图 6-10

10. 实训案例：使用滤镜制作游泳圈

步骤一：新建大小 500px×500px 的文件，新建"图层 1"并填充白色，设置前景色为红色，背景色为白色。

步骤二：执行【滤镜】→【滤镜库】→【素描】→【半调图案】命令，设置图案类型为直线，大小值为 12，对比度值为 50。确定后得到如图 6-11 所示的效果。

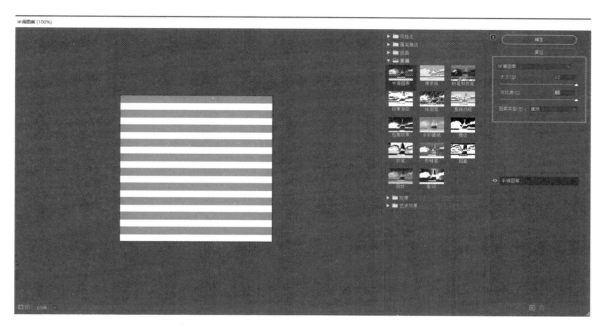

图 6-11

步骤三：执行【编辑】→【变换】→【旋转 90 度（顺时针）】命令，使条纹竖起来，并按 Ctrl+T，拉伸条纹，使游泳圈的条纹变粗，得到如图 6-12 所示的效果。

步骤四：将需要的图案用裁剪工具 裁剪下来后，执行【滤镜】→【扭曲】→【极坐标】命令，在对话框中选择【平面坐标到极坐标】选项，效果如图 6-13 所示。

步骤五：选择【椭圆选框工具】，按住 Shift+Alt 键，在图像中心点单击鼠标并向外拖动出一个正圆选区，然后按快捷键 Shift+Ctrl+I 反选选区，按 Del 键删除选区内像素。

步骤六：取消选区，再次按住 Shift+Alt 键，在图像中心点单击鼠标并向外拖动出一个正圆选区（比第一个正圆要小一些），按 Del 键将选区内的图像删除，这时游泳圈轮廓就出来了，效果如图 6-14 所示。

图 6-12

图 6-13

图 6-14

步骤七：为图层 1 添加【内阴影】【投影】图层样式，参数设置如图 6-15 所示。完成后的最终效果如图 6-16 所示。

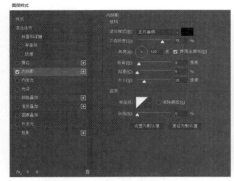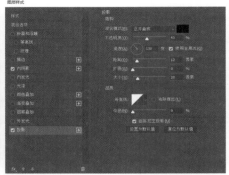

图 6-15   图 6-16

三、学习任务小结

通过本次学习任务，同学们初步了解了滤镜的种类和使用方法。滤镜的种类繁多，功能丰富，变化多样，需要长时间的学习和实操才能熟练掌握滤镜的使用技巧、完成效果和具体作用。课后，大家要反复练习使用滤镜制作图像效果，提高对滤镜工具的认识。

四、课后作业

使用滤镜制作如图 6-17 所示的文字效果。

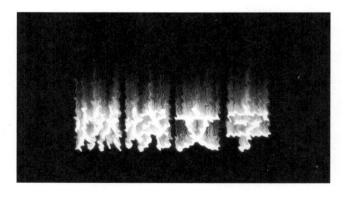

图 6-17

学习任务 二 动作

教学目标

（1）专业能力：掌握动作的创建和批处理图像的方法。

（2）社会能力：能灵活使用动作工具处理理图像，添加效果。

（3）方法能力：软件操作能力、艺术审美能力。

学习目标

（1）知识目标：掌握创建动作和自动处理图像的操作方法和技巧。

（2）技能目标：能运用动作工具和批处理技术处理图像。

（3）素质目标：具备一定的审美和分析能力，能找到更快捷、更恰当的操作方法。

教学建议

1. 教师活动

教师示范动作工具的使用方法，并指导学生进行课堂实训。

2. 学生活动

观看教师示范，并在教师指导下进行动作工具课堂实训。

一、学习问题导入

Adobe Photoshop 2020 软件中的"动作"是为了提高工作效率。在实际工作中，往往会遇到这样的问题，经常要处理一些同样效果、同样颜色或是同样尺寸的一批图片。当一次次地重复同样的操作时会感到很麻烦，也很浪费时间。这时"动作"就可以帮助我们快速地解决这一问题。

二、学习任务讲解

1. 认识动作面板

动作是将不同的操作、命令、命令参数记录下来，以一个可执行文件的形式存在，以便在对图像执行相同操作时使用。在处理图像的过程中，每一步操作都可看作一个动作，如果将若干步操作放到一起，就成了一个动作组。与动作相关的所有操作都被组合在动作面板中，如创建、存储、执行动作等。因此要掌握并灵活运用动作，必须先熟悉动作面板。

执行【窗口】→【动作】命令，即可打开动作面板，如图6-18所示。

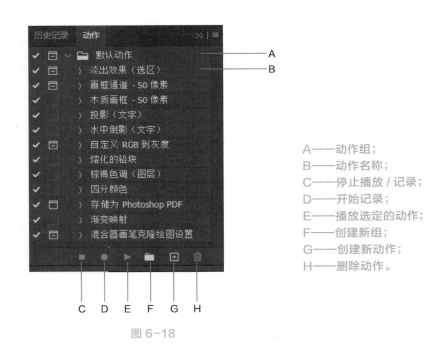

A——动作组；
B——动作名称；
C——停止播放/记录；
D——开始记录；
E——播放选定的动作；
F——创建新组；
G——创建新动作；
H——删除动作。

图6-18

大家可以使用已有的动作，也可以录制新的动作。

2. 使用动作

在 Adobe Photoshop 2020 软件中储存了很多动作，单击动作面板右上角的█按钮，从弹出的动作菜单中选择动作组，可以将其加载到动作面板中。选择一个动作，点击动作面板下方的【播放选定的动作】按钮▶，执行动作就可以得到想要的效果。展开动作，可以看到形成该动作的每一个命令，播放动作可以看到每个命令被逐一执行。

3. 实训案例：使用动作

步骤一：打开"蝴蝶.jpg"素材文件。

广告设计图像后期处理（Photoshop）

步骤二：单击【动作】面板标签，进入动作面板。单击右上角的设置按钮▦，加载【画框】动作，选择【拉丝铝画框】，单击其下的【播放选定的动作】按钮▶，得到如图 6-19 所示的画面效果。

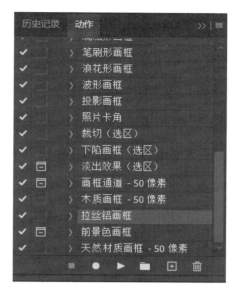

图 6-19

4. 创建与保存动作

通过动作的创建与保存功能，我们可以将自己制作的图像效果（如画框效果或文字效果等）做成动作保存在计算机中，以避免重复的处理操作。

（1）创建动作。

虽然系统自带了很多动作，但在具体的工作中却很少有符合需要的，这时就需要我们自己创建新的动作，以满足图像处理的需要。具体操作如下。

① 单击动作面板下方的【创建新组】按钮▦，输入新建组名称。

② 单击【创建新动作】按钮▣，或从动作面板菜单中选取【新建动作】，输入动作的名称，单击【记录】按钮，此时在 Adobe Photoshop 2020 中的一切操作都将被记录，直到单击【停止播放 / 记录】按钮▪为止。

注意：在记录动作时要使用菜单而不是快捷键，快捷键会影响动作的正确记录，使动作在播放时出现错误，无法正确执行。

（2）修改动作。

录制好的动作也可以修改，方法如下：展开动作，选择要继续录制的命令位置（也可以将错误的记录删除）单击【开始记录】按钮▪，按钮呈现红色，此时的操作将被记录在动作中，录制结束后，单击【停止播放 / 记录】按钮▪，可以看到所做的操作被记录到动作中。

（3）保存动作。

我们创建的动作将暂时保存在 Adobe Photoshop 2020 的动作面板中，每次启动软件后即可使用。但如果不小心删除了动作，或重新安装了 Adobe Photoshop 2020，自己创建的动作将消失。因此，应将这些已创建好的动作以文件的形式保存，需要时再通过加载文件的形式载入动作面板。具体操作如下。

① 在动作面板中选择要存储的动作组。

② 单击右上角的设置按钮▦。

③ 在打开的下拉列表中选择【存储动作】选项，如图 6-20 所示。

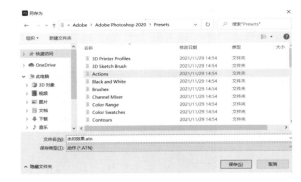

图 6-20

图 6-21

④ 打开【另存为】对话框，在其中选择存放动作文件的目标文件夹，输入要保存的动作名称，单击【保存】按钮即可，如图 6-21 所示。

5. 实训案例：录制变形文字动作

步骤一：新建 Photoshop 默认大小的文件。

步骤二：选择文字工具，输入"变形文字"文字，字号 60，字体任选。

步骤三：进入动作面板，单击动作面板底部的【创建新组】按钮■，打开【新建组】对话框，默认新组名称为"组 1"，单击【确定】按钮，如图 6-22 所示。此时，新创建的动作组加入动作面板。

步骤四：单击动作面板底部的【创建新动作】按钮■，在打开的【新建动作】对话框中，在【名称】栏输入"变形"文本，单击【记录】按钮，【开始记录】按钮■呈现红色，如图 6-23 所示。

图 6-22

图 6-23

步骤五：单击文本属性栏中【创建文字变形】按钮，打开【变形文字】对话框，选择【鱼形】样式，如图 6-24 所示。

步骤六：单击图层面板下方的【添加图层样式】按钮 fx，打开【图层样式】对话框，设置斜面和浮雕效果，如图 6-25 所示。

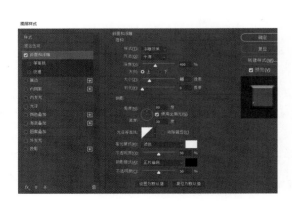

图 6-24

图 6-25

步骤七：回到动作面板，单击面板下方的【停止播放 / 记录】按钮，结束动作的录制。展开动作，可以看到，单击【创建新动作】按钮后的操作都记录在动作面板中，直到单击【停止】按钮为止，如图 6-26 所示。

步骤八：检查录制的动作是否成功，输入新的文字，在动作面板中选择【变形】，单击【播放选定的动作】按钮，新输入的文字自动变形并出现浮雕的效果，说明动作录制成功。

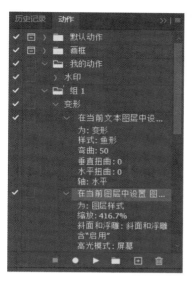

图 6-26

6. 批处理

在工作中经常会遇到这样的问题，要将一批图片处理成同样的效果，这就需要使用批处理命令来完成。

批处理命令可以对一个文件夹中的图像文件执行动作。批处理具体使用方法如下。

（1）执行【文件】→【自动】→【批处理】命令，打开【批处理】对话框。

（2）在【组】和【动作】中，指定要用来处理文件的动作。菜单会显示动作面板中可用的动作。如果未显示所需的动作，可能需要选取另一组或在面板中载入组。

（3）从【源】栏中选取要处理的文件。

【文件夹】：处理指定文件夹中的文件。单击【选取】按钮可以查找并选择文件夹。

【导入】：处理来自数码相机、扫描仪或 PDF 文档的图像。

【打开的文件】：处理所有打开的文件。

【Bridge】：处理 Adobe Bridge 中选定的文件。如果未选择任何文件，则处理当前 Bridge 文件夹中的文件。

（4）设置处理选项。

【覆盖动作中的"打开"命令】：覆盖引用特定文件名（而非批处理的文件）的动作中的【打开】命令。如果记录的动作是在打开的文件上操作的，或者动作包含它所需的特定文件的【打开】命令，则取消选择【覆盖动作中的"打开"命令】。如果选择此选项，则动作必须包含一个【打开】命令，否则源文件将不会打开。

【包含所有子文件夹】：处理指定文件夹的子目录中的文件。

【禁止显示文件打开选项对话框】：可隐藏【文件打开选项】对话框。当对相机原始图像文件的动作进行批处理时，这是很有用的。将使用默认设置或以前指定的设置。

【禁止颜色配置文件警告】：关闭颜色方案信息的显示。

（5）从【目标】栏中选取处理后文件存放的位置。

【无】：使文件保持打开而不存储更改（除非动作包括"存储"命令）。

【存储并关闭】：将文件存储在当前位置，并覆盖原来的文件。

【文件夹】：将处理过的文件存储到另一位置。单击【选取】按钮可指定目标文件夹。

（6）如果动作中包含【存储为】命令，请执行【覆盖动作中的"存储为"命令】确保将文件存储在指定的文件夹中（如果执行【存储并关闭】命令，则存储在原始文件夹中）要使用此选项，动作必须包含【存储为】命令，无论它是否指定存储位置或文件名；否则，将不存储任何文件。

某些存储选项（如 JPEG 压缩或 TIFF 选项）在批处理命令中不可用。要使用这些选项，请在动作中记录它们，然后使用【覆盖动作中的"存储为"命令】选项，确保将文件存储在批处理命令中指定的位置。

如果记录的操作以指定的文件名和文件夹进行存储，并取消选择了【覆盖动作中的"存储为"命令】，则每次都会覆盖同一文件。如果已经在动作中记录了【存储为】步骤，但没有指定文件名，则批处理命令每次都将其存储到同一文件夹中，使用正在存储的文档的文件名。

（7）如果选取【文件夹】作为目标，则指定文件命名约定并选择处理文件的文件兼容性选项。

对于【文件命名】，从弹出式菜单中选择元素，或在要组合为所有文件的默认名称的字段中输入文本，可以通过这些字段更改文件名各部分的顺序和格式。每个文件必须至少有一个唯一的字段（例如，文件名、序列号或连续字母），以防文件相互覆盖。起始序列号为所有序列号字段指定起始序列号。第一个文件的连续字母字段总是从字母"A"开始。

对于【兼容性】，选取"Windows""Mac OS"和"UNIX"，使文件名与 Windows、Mac OS 和 UNIX 操作系统兼容。

使用批处理命令选项存储文件时，通常会用与原文件相同的格式存储文件。想创建以新格式存储文件的批处理，需要记录其后面跟有【关闭】命令作为部分原动作的【存储为】命令。然后，在设置批处理时为【目标】选取【覆盖动作中的"存储在"命令】。

7. 实训案例：批处理

当需要对某些图片统一进行相同的处理时，可通过动作来快速完成。本案例提供了一组图片，要求统一为它们创建水印，要求水印内容为：原创作品 不可商用。

步骤一：打开动物文件夹"01.jpg"图像文件（将所有动物图片置于一个文件夹中，命名为"动物"）。

步骤二：单击动作面板底部的【创建新组】按钮▣，在打开的【新建组】对话框的"名称"文本框中输入"我的动作"，单击【确定】按钮，如图 6-27 所示。

步骤三：单击动作面板底部的【创建新动作】按钮▣，在打开的【新建动作】对话框中输入"水印"文本，单击【记录】按钮，【开始记录】按钮●呈现红色，如图 6-28 所示。

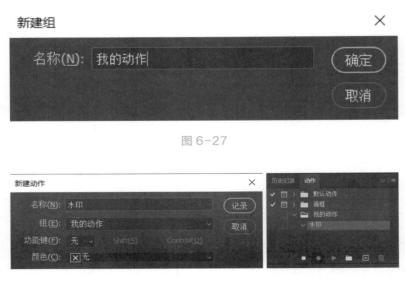

图 6-27

图 6-28

步骤四：在工具箱中选择文字工具，设置字体为"华文彩云"，字号为"60 点"，颜色为"白色"，然后在图像中单击输入"原创作品 不可商用"文字。

步骤五：在文字图层上，调整不透明度为"50%"，如图 6-29 所示。

步骤六：在图层面板的图层上单击鼠标右键，在弹出的快捷菜单中选择【合并可见图层】命令合并图层，然后选择【文件】→【存储】命令，保存照片，然后关闭图像；单击动作面板中的【停止播放/记录】按钮■，完成录制，如图 6-30 所示。

步骤七：执行【文件】→【自动】→【批处理】命令，打开【批处理】对话框，在【播放】栏中选择【我的动作】，动作选择【水印】。在【源】栏中选择【文件夹】项，单击【选择】按钮，选择素材文件中的"动物"文件夹。在【目标】栏中选择【文件夹】项，单击【选择】按钮，选择一个空的文件夹，勾选【覆盖动作中的"存储为"命令】项，【文件命名】栏中的内容默认，如图 6-31 所示。

步骤八：单击【确定】按钮，执行【批处理】命令，"源"文件夹中的每个图片都被处理了。打开"目标"文件夹，看到"源"文件夹中的每张图片都加了水印，如图 6-32 所示。

图 6-29

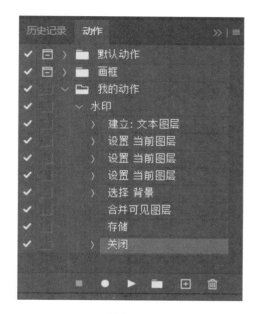

图 6-30

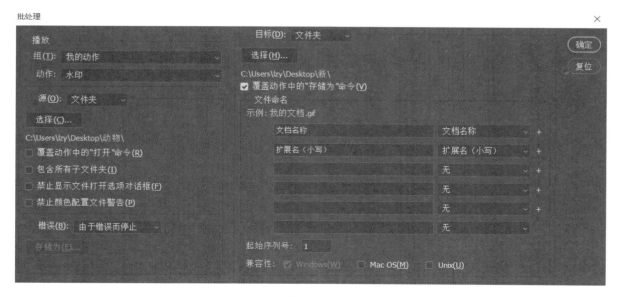

图 6-31

图 6-32

三、学习任务小结

"动作"是 Adobe Photoshop 2020 软件中非常重要的一个功能，它可以详细记录处理图像的全过程，将这一记录储存为命令，并将其应用于其他的图像中。批处理则可以对大量的图片执行同一"动作"，一次性处理相同效果的图像，使烦琐的工作变得简单快捷。课后，大家要进一步熟悉这两种工具的使用方法和技巧，并结合实训操作提高对这两种工具的实操能力。

四、课后作业

（1）给素材文件夹中的"雪山 .jpg"图片载入"暴风雪"效果。

（2）选择动物文件夹中的多幅图片，运用批处理命令将其缩小，并给每一张图片加上"木质画框 –50 像素"。

学习任务 三 关于 Web 图形

教学目标

（1）专业能力：掌握概念 Web 图形的制作方法。

（2）社会能力：能根据实际需求制作符合要求的 Web 图形。

（3）方法能力：信息和资料的搜集能力、案例分析能力。

学习目标

（1）知识目标：掌握 Web 图形的类型、应用形式。

（2）技能目标：能利用 Adobe Photoshop 2020 软件制作 Web 网页图形。

（3）素质目标：能够清晰地表达自己的设计过程和思路，具备较好的语言表达能力。

教学建议

1. 教师活动

教师示范 Web 图形的操作方法，并指导学生进行课堂实训。

2. 学生活动

观看教师示范，并在教师的指导下进行 Web 图形课堂实训练习。

一、学习问题导入

各位同学，大家好！前期我们学习了 Photoshop 基础知识，现在我们进入高级功能模块。同学们，你们知道网页当中的众多图形是怎么做出来的吗？ Photoshop 是一款制作 Web 图形的利器，下面我们一起来学习 Web 图形的知识。

二、学习任务讲解

1. Web 图形基础

（1）Web 图形的概念。

Web 图形是指在网页上使用的数字图形。网页包含的信息丰富多彩，有声音、图像、视频等多媒体信息。多媒体信息在网上传输，必须考虑文件大小、网络速度等因素。因此，网页上的图片一般采用相应的处理方法，具有合适的格式。

（2）数字图像存储方法。

① 光栅（位图）图像：由一个个像素网格点组成，文件中记录每个像素点的显示特征；图像品质取决于该图像所含有的像素数量，或者说它的分辨率。分辨率越高，文件容量越大。分辨率是指单位长度所包含的像素点数量，单位是像素、英寸。

② 图形分辨率：每英寸图像中所含有的像素点个数，决定图像品质。用于屏幕显示的是 72ppi；用于打印的是 150ppi；用于印刷的是大于或等于 300ppi。

③ 屏幕分辨率：显示器单位长度显示的像素点个数，决定显示品质。

④ 矢量图形：用矢量线段描绘图像，用数学公式记录图像，图像内容以线条和色块为主。图像质量与分辨率无关，放大、缩小不会出现锯齿状边缘变形现象。在任何分辨率下显示或打印都不会损失细节，能产生规则的清晰线条和边缘。矢量图形多用于标志设计、插图设计和工程制图。

（3）常见图像文件格式。

① JPEG：静态图像有损压缩格式。JPEG 图像可设置压缩比率，压缩比率的高低直接影响图像品质的高低。JPEG 格式与其他图像格式相比数据量小、色彩损失少，能真实反映原图片，是网页中广泛使用的图像格式。

② GIF：可交换图形格式，最多支持 8 位 256 色，主要用于保存带有纯色区域或清晰边缘的图像。可保留透明区域，有静态和动态两种方式。与其他格式相比，其文件小巧，适于网上传输、网页设计等，网上动画一般有 GIF 动画或 FLASH 动画。

③ PNG：一种无损压缩格式，PNG-8 类似于 8 位 GIF 格式，使用 256 种颜色，支持透明区域，但不支持动画。PNG-24 支持 24 位彩色，支持透明区域和杂边颜色，适于保存照片。PNG-32 能支持 32 位颜色，被认为是未来 Web 图形的主要格式。

④ PSD：Photoshop 专用文件格式，可以存储图像中所有的图层、通道和辅助线等信息。

⑤ BMP：Microsoft 公司开发的一种 Windows 系统下的标准图像文件格式。支持 RGB、索引颜色、灰度和位图颜色模式，不支持 Alpha 通道和 CMYK 颜色模式。

⑥ TIFF：一种无损压缩格式，多用于桌面排版和图形艺术，可以在多种图像软件之间转换，是应用非常广泛的一种图像格式。

2. 实训案例：制作 Web 按钮

（1）新建一个宽 500 像素、高 318 像素，背景内容为白色的文档。

（2）用钢笔工具绘制图形，效果如图 6-33 所示。

（3）单击【图层】控制面板下方的【添加图层样式】按钮 fx，在弹出的菜单中选择【渐变叠加】命令，弹出对话框，选项的设置如图 6-34 所示。

（4）单击【图层】控制面板下方的【添加图层样式】按钮 fx，在弹出的菜单中选择【描边】命令，弹出对话框，选项的设置如图 6-35 所示。单击【确定】按钮，效果如图 6-36 所示。

（5）用钢笔工具绘制图形，效果如图 6-37 所示。

（6）单击【图层】控制面板下方的【添加图层样式】按钮 fx，在弹出的菜单中选择【渐变叠加】命令，弹出对话框，选项的设置如图 6-38 所示。

图 6-33

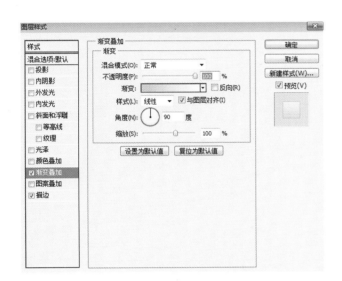

图 6-34

图 6-35

图 6-36

图 6-37

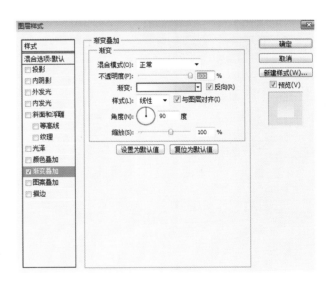

图 6-38

（7）用圆角矩形工具绘制图形，效果如图 6-39 所示。

（8）单击【图层】控制面板下方的【添加图层样式】按钮 **fx**，在弹出的菜单中选择【渐变叠加】命令，弹出对话框，选项的设置如图 6-40 所示。单击【确定】按钮，效果如图 6-41 所示。

（9）用钢笔工具绘制图形，效果如图 6-42 所示。

（10）用椭圆工具绘制图形，效果如图 6-43 所示。

（11）单击【图层】控制面板下方的【添加图层样式】按钮 **fx**，在弹出的菜单中选择【渐变叠加】命令，弹出对话框，选项的设置如图 6-44 所示。单击【确定】按钮，效果如图 6-45 所示。

（12）选择横排文字工具，设置文字属性，如图 6-46 所示。

（13）输入文字，效果如图 6-47 所示。

图 6-39

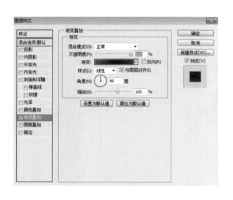

图 6-40

图 6-41

图 6-42

图 6-43

图 6-44

图 6-45

广告设计图像后期处理（Photoshop）

图 6-46

图 6-47

三、学习任务小结

本次学习任务同学们学习了 Web 图形的制作方法和步骤。Web 图形主要应用于网页，网页中大量的图形都可以用 Photoshop 设计，希望同学们多欣赏优秀的 Web 图形，然后进行制作练习，提高 Web 图形的制作水平。

四、课后作业

请利用素材包的资料完成创意合成，效果如图 6-48 所示。

图 6-48

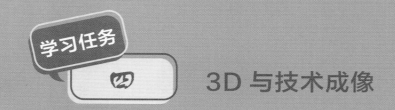

学习任务

四

3D 与技术成像

教学目标

（1）专业能力：掌握 Photoshop 软件中 3D 技术的使用方法和技巧。

（2）社会能力：能根据实际需求制作符合要求的 3D 作品。

（3）方法能力：具备信息和资料的搜集能力、案例分析能力。

学习目标

（1）知识目标：能熟练使用 2D 图像来创建 3D 对象，会创建和编辑 3D 对象的纹理，能在 3D 对象上绘图，能完成对 3D 对象的渲染和输出。

（2）技能目标：能利用 Photoshop 软件制作 3D 作品。

（3）素质目标：能够清晰地表达自己的设计过程和思路，具备较好的语言表达能力。

教学建议

1. 教师活动

教师示范 Adobe Photoshop 2020 软件中 3D 的操作方法，并指导学生进行 3D 制作实训练习。

2. 学生活动

观看教师示范，并在教师的指导下进行 3D 制作实训练习。

一、学习问题导入

各位同学，大家好！在大家以往的印象中，Photoshop 就是一款平面图形、图像处理的软件。然而，随着 Adobe Photoshop 软件技术的发展，现在不仅可以利用 Photoshop 处理平面图形，而且还可以处理 3D 图形，制作 3D 作品，下面我们一起来学习 3D 技术成像。

二、学习任务讲解

1. 3D 概述

在 Adobe Photoshop 2020 软件中，3D 图像使用一种特殊的图层，即 3D 图层。编辑 3D 模型时，会占用大量系统资源，对显卡的要求也较高，如果显卡内存低于 512MB，就会停用 3D 功能。

（1）3D 操作界面。

在 Photoshop 中打开、创建或编辑 3D 文件时，会自动切换到 3D 界面。Adobe Photoshop 2020 软件能够保留对象的纹理、渲染和光照信息，并将 3D 模型放在 3D 图层上，在其下面的条目中显示对象的纹理。

在 3D 界面中，用户可以轻松创建 3D 模型，如立方体、球面、圆柱和 3D 明信片等，也可以非常灵活地修改场景和对象的方向，拖曳阴影重新调整光源位置，编辑地面反射、阴影和其他效果，甚至还可以将 3D 对象自动对齐至图像中的消失点上。

（2）3D 文件的组件。

3D 文件包含网格、材质和光源等组件。网格相当于 3D 模型的骨骼；材质相当于 3D 模型的皮肤；光源相当于太阳或白炽灯，可以使 3D 场景亮起来，让 3D 模型可见。

网格提供了 3D 模型的底层结构。通常，网格看起来是由成千上万个单独的多边形框架结构组成的线框。在 Adobe Photoshop 2020 软件中，可以在多种渲染模式下查看网格，还可以分别对每个网格进行操作，也可以用 2D 图层创建 3D 网格。但要编辑 3D 模型本身的多边形网格，则必须使用 3D 程序。

一个网格可具有一种或多种相关的材质，它们控制整个网格的外观或局部网格的外观。材质映射到网格上，可以模拟各种纹理和质感，例如颜色、图案、反光度或崎岖度等。

光源类型包括点光、聚光和无限光。我们可以移动和调整现有光照的颜色和强度，也可以将新的光源添加到 3D 场景中。

2. 3D 工具对象和相机工具

打开 3D 文件后，选择【移动工具】，在它的工具选项栏中包含一组 3D 工具，如图 6-49 所示。使用这些工具可以修改 3D 模型的位置、大小，还可以修改 3D 场景视图，调整光源位置。

图 6-49

（1）旋转 3D 对象。

使用旋转 3D 对象工具 在模型上单击，选择模型，上下拖曳可以使模型围绕其 X 轴旋转；两侧拖曳可围绕其 Y 轴旋转；按住 Alt 键的同时拖曳则可以滚动模型。

（2）滚动 3D 对象。

使用滚动 3D 对象工具 在 3D 对象两侧拖曳可以使模型围绕其 Z 轴旋转。

（3）拖动 3D 对象。

使用拖动 3D 对象工具 ✥ 在 3D 对象两侧拖曳可沿水平方向移动模型；上下拖曳可沿垂直方向移动模型；按住 Alt 键的同时拖曳可沿 X/Z 方向移动。

（4）滑动 3D 对象。

使用滑动 3D 对象工具 ✥ 在 3D 对象两侧拖曳可沿水平方向移动模型；上下拖曳可将模型移近或移远；按住 Alt 键的同时拖曳可沿 X/Y 方向移动。

（5）缩放 3D 对象。使用缩放 3D 对象工具 ✥ 单击 3D 对象并上下拖曳可放大或缩小模型；按住 Alt 键的同时拖曳可沿 Z 方向缩放。

（6）3D 相机。

进入 3D 操作界面后，在模型以外的空间单击（当前工具为移动工具 ✥），此时可通过操作调整相机视图，同时保持 3D 对象的位置不变。调整模型和相机时，按住 Shift 键并进行拖曳，可以将旋转、平移、滑动或缩放操作限制为沿单一方向移动。

（7）通过 3D 轴调整 3D 项目。

选择 3D 对象后，画面中会出现 3D 轴，它显示了 3D 空间中模型（或相机、光源和网格）在当前 X、Y 和 Z 轴的方向。将光标放在 3D 轴的控件上，使其高亮显示，如图 6-50 所示，然后单击并拖动鼠标即可移动、旋转和缩放 3D 项目。

（8）通过坐标精确定位 3D 对象。

如果想要通过坐标来精确定位 3D 对象、相机和光源的位置，可以在【3D】面板或文档窗口中选择，然后单击【属性】面板顶部的坐标 ✥，输入精确数值，如图 6-51 所示。

位置 ✥：可输入位置坐标（X 为水平，Y 为垂直，Z 为纵深方向）。

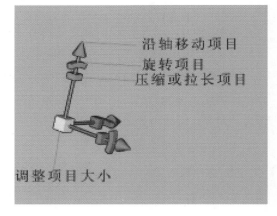

图 6-50

旋转 ◺：单击该按钮可输入 X、Y、Z 轴旋转角度坐标。

缩放 ✥：可输入 X、Y、Z 轴缩放比例。

重置 ↻：单击该按钮可重置 X、Y、Z 轴选项参数。

复位坐标：单击该按钮可重置所有坐标。

移到地面：让模型紧贴地面网格。

3. 3D 面板

在【图层】面板中选择 3D 图层后，【3D】面板中会显示与之关联的 3D 组件。面板顶部包含场景按钮 ✥、网格按钮 ✥、材质按钮 ✥ 和光源按钮 ✥。使用这些按钮可以筛选出现在面板中的组件。

① 设置 3D 场景：可设置渲染模式，选择要在其上绘制的纹理或创建横截面。单击【3D】面板中的场景按钮 ✥，可以显示场景中的所有条目，如图 6-52 所示。

图 6-51

② 设置 3D 网格：单击【3D】面板顶部的网格按钮 ▦，面板中只显示网格组件。

③ 为 3D 对象添加材质：单击材质按钮 ▧，选择 3D 材质。

④ 设置 3D 光源：3D 光源可以从不同角度照亮模型，从而添加逼真的深度和阴影。单击【3D】面板顶部的光源按钮 ☉，面板中会列出场景中所包含的全部光源。Photoshop 提供了点光、聚光和无限光，这三种光源有各自不同的选项和设置方法。在【属性】面板中可以调整光源参数。

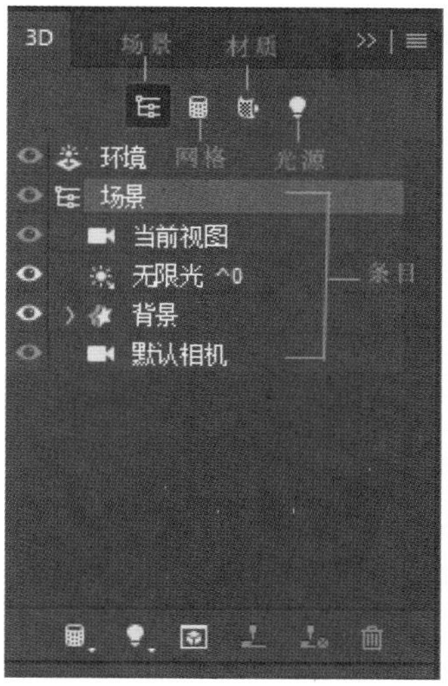

4. 创建 3D 对象

（1）利用选中的图层创建 3D 对象。

在 3D 面板中的【源】选项下选择【选中的图层】，如图 6-53 所示。点击【3D 明信片】，点击【创建】，效果如图 6-54 所示。

在 3D 面板中的【源】选项下选择【选中的图层】，点击【3D 模型】，点击【创建】，效果如图 6-55 所示。

在 3D 面板中的【源】选项下选择【选中的图层】，点击【从预设创建 3D 形状】，选择【锥形】，点击【创建】，3D 面板如图 6-56 所示，效果如图 6-57 所示。

图 6-52

图 6-53

图 6-54

图 6-55

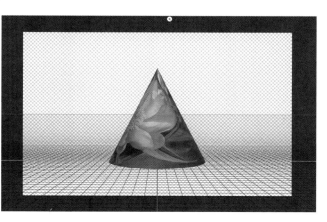

图 6-56

图 6-57

项目
六

高级功能篇

在 3D 面板中的【源】选项下选择【选中的图层】，点击【从深度映射创建网格】，选择【平面】，点击【创建】，效果如图 6-58 所示。

图 6-58

（2）利用路径创建 3D 对象。

选择【自定形状工具】![icon]，设置工具属性如图 6-59 所示，在文档中绘制形状，效果如图 6-60 所示。

3D 面板设置参数如图 6-61 所示，点击【创建】，效果如图 6-62 所示。

图 6-59

图 6-60　　　　　　　图 6-61　　　　　　　图 6-62

（3）利用选区创建 3D 对象。

选择【快速选择工具】，绘制如图 6-63 的选区，3D 面板设置参数如图 6-64 所示，点击【创建】，效果如图 6-65 所示。

图 6-63

图 6-64

图 6-65

（4）利用文字工具创建 3D 对象。

选择【横排文字工具】，工具属性设置如图 6-66 所示，在文档中输入"PHOTOSHOP"，点击文字功能属性栏中的【3D】按钮，进入 3D 界面后，在 3D 属性面板中设置材质，如图 6-67 所示，最终效果如图 6-68 所示。

图 6-66

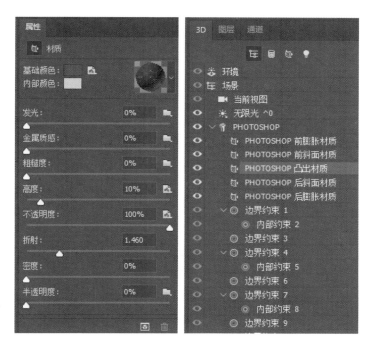
图 6-67

项目六

高级功能篇

图 6-68

三、学习任务小结

本次学习任务学习了 3D 技术的使用方法，虽然有专门的软件用于制作三维效果，但随着 Photoshop 技术的发展，其已经融入了 3D 功能，至此 Photoshop 已经不再是完全意义上的平面软件了，我们可以利用 Photoshop 制作出简单的 3D 模型，而且还能像其他 3D 软件那样调整模型的角度、透视。课后，希望同学们多加练习，进一步熟悉 3D 的制作方法。

四、课后作业

制作 3D 几何体，效果如图 6-69 所示。

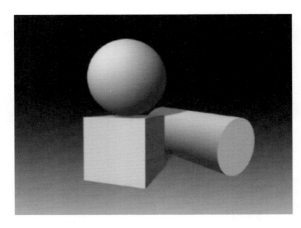

图 6-69

扫描二维码
获取本章更多素材

广告设计图像后期处理（Photoshop）

项目七

实战应用篇

logo 设计实训

logo 设计实训

教学目标

（1）专业能力：掌握 logo 设计与制作的知识及技巧。

（2）社会能力：能灵活运用 Photoshop 工具进行 logo 制作。

（3）方法能力：具备信息和资料的搜集能力、案例分析能力。

学习目标

（1）知识目标：掌握 logo 设计的方法和技巧。

（2）技能目标：能运用 Photoshop 的工具设计与制作 logo。

（3）素质目标：能够清晰地表达自己的设计过程和思路，具备较好的语言表达能力。

教学建议

1. 教师活动

（1）教师展示课前收集的 logo 设计作品 psd 源文件，引导学生搜集合适的素材。

（2）教师示范 logo 设计前期的构思和使用 Photoshop 软件绘制 logo 的方法。

2. 学生活动

看教师示范使用 Photoshop 软件绘制 logo 的方法，并进行课堂练习。

一、学习问题导入

各位同学，大家好！我们对孙中山先生都很了解，知道他是中国民主革命的伟大先驱。那大家知道他的故乡在哪里吗？孙中山先生出生于广东省中山市翠亨新区翠亨村。最近，翠亨村为纪念孙中山先生，推动翠亨村的旅游文化发展，举行了翠亨村形象标识 logo 设计征集活动，向全国征集优秀的形象标识 logo 设计作品。今天，我们就一起来设计这个 logo。

二、学习任务讲解

1. 任务介绍

（1）logo 设计活动概述。

中山古称香山，位于珠江口西岸，北连广州，毗邻港澳。中山人文荟萃，风景秀美，是国家历史文化名城。翠亨村是中国民主革命的伟大先驱孙中山先生的故乡，保存了丰富的历史、文化、乡土建筑，村内有孙中山故居（图 7-1）、孙中山纪念馆、辛亥革命纪念公园等。为纪念伟人孙中山，同时宣传翠亨村的历史文化，推动翠亨村的旅游文化发展，提升翠亨村品牌形象，现向全球启动中山翠亨村形象标识 logo 设计征集活动。

本次活动以"弘扬中山文化、促进翠亨文旅"为目标，以开展形象标识 logo 设计竞赛为载体，发动国内外乡贤共同参与。人人献智献策，深挖翠亨村的地理人文、风俗人情、历史文化，构建孙中山精神、孙中山思想的传播新模式，设计具有中山特色的翠亨村形象标识 logo。

图 7-1

（2）征集要求。

① 主题鲜明，寓意深刻。设计方案要结合中山市翠亨村发展的趋势，体现翠亨村历史底蕴，展示翠亨村优美环境，可以广泛运用于社会公众传播，具备较强的形象辨识度，能通过 logo 传递翠亨村发展理念与精神内核。

② 凸显翠亨村特色。标识体现孙中山先生的思想，可以依托孙中山先生的生平事迹、孙中山故居等人文景观进行创作。

（3）作品要求。

① 作品尺寸为 210mm×297mm（A4），分辨率不小于 300dpi，颜色为 RGB 色彩模式，需要提交 PSD 源文件、JPG 格式电子文件。

② 参选作品必须是原创作品。

2. 任务分析

（1）logo 设计的基础知识。

logo 设计就是标志设计，也称形象标识设计。标志是将信息转化为图形的视觉语言，其使用点、线、面等基本元素和文字，设计成具有特殊含义、象征主体的品牌文化、精神的标志，对主体的形象具有识别和推广作用。

标志所占的空间通常较小，为了实现其视觉识别功能，一般通过组合图案和文字，从而对被标识主体进行展示和说明，增加观者的兴趣，给观者留下深刻印象。

（2）logo 的表现形式。

根据标志表现形式的不同，可以分为图案标志、文字标志、组合标志。

① 图案标志。

图案标志由图形、图案构成，不含有文字，属于表象符号，通过寓意、联想、概括、抽象等方法来标识主体，概括而形象地表达标志主体的理念。由于图案标志没有文字，不需要翻译，在国际市场上具有明显的优势，无论在哪个国家都能通用。世界著名的图案标志如图 7-2 ～图 7-4 所示。

图 7-2　　　　　　　　　　　图 7-3　　　　　　　　　　　图 7-4

② 文字标志。

文字标志是用一种文字形态加以设计的标志，属于表意符号。其优点是含义明确、直接，与标识主体的关系紧密，易于被理解、认知，对标志所表达的理念具有良好的说明作用。知名的文字标志如图 7-5 ～图 7-7 所示。

　　　　Canon　　　　Google

图 7-5　　　　　　　　　　　图 7-6　　　　　　　　　　　图 7-7

③ 组合标志。

组合标志一般由图案和文字组合而成。组合标志兼具文字与图案的属性，既能够直接反映标志主体的印象，又能通过文字造型让读者理解其含义。组合标志容易给观者留下深刻印象与记忆，是目前主流的一种标志设计手法。知名的组合标志如图 7-8～图 7-10 所示。

图 7-8   图 7-9   图 7-10

3. 实训案例：翠亨村 logo 设计与制作

（1）设计分析。

本次设计活动是为翠亨村做形象标识 logo 设计，根据活动要求，标识要体现孙中山先生的思想，以孙中山先生的生平事迹、孙中山故居等人文景观进行创作。设计前期，需要搜索更多有关翠亨村和孙中山先生的资讯，并进行实地考察。

根据资讯记载，孙中山先生从小生活在百花吐艳、五彩缤纷的香山县翠亨村，对兰溪河畔的花草和金槟榔山上的树木以及翠亨村周围迎风招展的花朵（图 7-11）有着特殊的情感。孙中山先生生长在这样一种生活与文化习俗都洋溢着莲花清香的文化环境里，对莲花的品种、特征、习性、价值和作用等有着深刻的印象。他赠送给日本朋友四颗家乡的莲子，说明他对故乡莲花独特的偏爱。为纪念孙中山先生，展示翠亨村的文化环境，本次任务以莲花为主体，采用图案和文字组合的表现形式进行设计。

图 7-11

（2）素材搜集。

确定设计方向后，需要寻找一些相关或相似的素材。素材的载体不局限于 logo，可以是摄影、图标、图像、广告设计等与设计有关的图片。在搜集的过程中，可以学习优秀作品设计理念，为设计创作做好准备。

（3）设计草图绘制。

在使用 Photoshop 软件制作 logo 前，可以先绘制设计草图，将设计创意呈现于纸上，如图 7-12 所示。设计草图的绘制能将设计构思转化成图形并及时传达，是有效地分析和比对设计创意的方法。在这个过程中，需要关注 logo 所要呈现的最终效果。

图 7-12

（4）使用 Photoshop 绘制 logo。

绘制完草图后，从中选择最为满意的一款，使用 Photoshop 软件绘制出来，如图 7-13 所示。

步骤一：新建文档，文档类型为国际标准纸张，大小为 A4，尺寸为 210mm×297mm，分辨率为 300 像素/英寸，颜色模式为 RGB 颜色，背景颜色为白色，如图 7-14 所示。

步骤二：点击菜单【编辑】→【首选项】→【参考线、网格和切片】，设置网格线间隔为 248 像素，子网格为 4，按快捷键 Ctrl+' 显示网格，如图 7-15 所示。

点击菜单【视图】→【标尺】，或按快捷键 Ctrl+R 调出标尺工具，用鼠标点击【标尺】即可拖出参考线，上方的标尺拖出水平参考线，左方的标尺拖出垂直参考线，为后面步骤中心点旋转复制图形做准备，如图 7-16 所示。

图 7-13

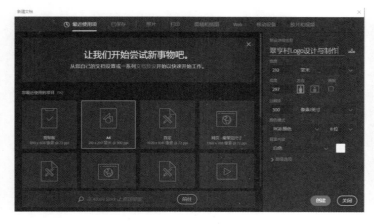

图 7-14

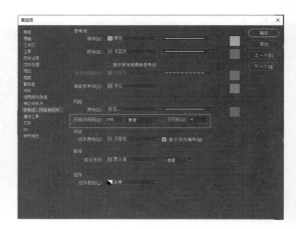

图 7-15

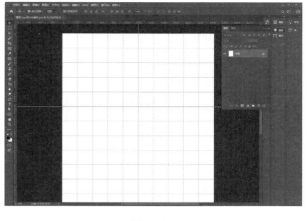

步骤三：点击工具栏【钢笔工具】，设置【属性】为形状，【填充】为无颜色，【描边】为50像素，直线线条。在画板上绘制一个花瓣的形状，图层命名为"花瓣1"，如图7-17所示。

步骤四：绘制完花瓣后，调整描边颜色，模仿莲花的颜色，设置一个从粉到红的渐变颜色。点击工具栏【钢笔工具】，打开上方设置渐变颜色的操作框，设置为线性渐变，角度设置为0，左边色标滑块设置颜色为#ff7d7d，右边色标滑块设置颜色为#ff7d7d，将右边色标滑块向左移动一点，调整渐变效果，如图7-18所示。

图7-16

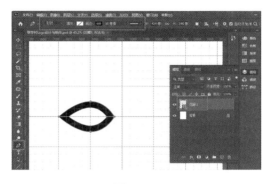

图7-17

图7-18

步骤五：点击"花瓣1"图层，按快捷键Ctrl+J复制图层，重命名为"花瓣2"。按快捷键Ctrl+T，将花瓣2进行变形，把中心点移动至参考线交叉点，旋转角度为90°，使花瓣从中心点进行旋转，修改其描边渐变的角度为-90°，如图7-19所示。

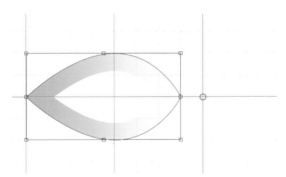

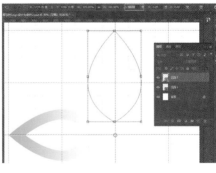

图7-19

使用同样的方法，复制"花瓣2"图层，命名为"花瓣3"，旋转90°，设置其渐变角度为-180°，如图7-20所示。

步骤六：选中"花瓣2"图层，复制图层，移至顶层，命名为"短花瓣1"。点击工具栏【椭圆选框工具】，按住Shift键，等比例框选出花瓣一半部分。按Shift键，点击【添加图层蒙版】，给"短花瓣1"图层添加图层蒙版，如图7-21所示。

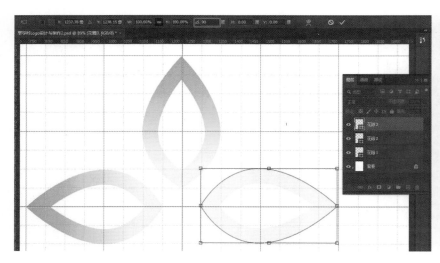

图 7-20

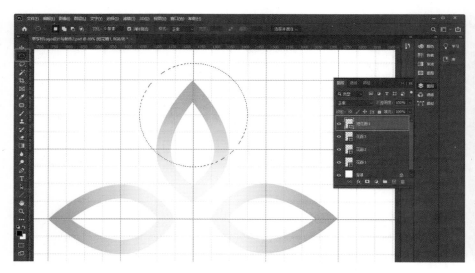

图 7-21

步骤七：点击"短花瓣 1"，按快捷键 Ctrl+T，移动花瓣中心点，设置旋转角度为 45°。用同样的方法复制出新图层"短花瓣 2"，设置旋转角度为 90°，如图 7-22 所示。

调整"短花瓣 1""短花瓣 2"图层的上下位置，放置于"花瓣 1"下方，如图 7-23 所示。

步骤八：分别点击"花瓣 1"图层、"花瓣 3"图层，使用【路径选择工具】调整花瓣位置，使 3 个花瓣连接在一起，如图 7-24 所示。

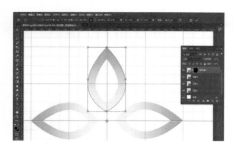
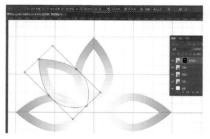
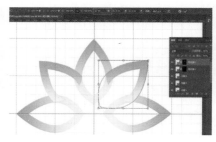

图 7-22

图 7-23

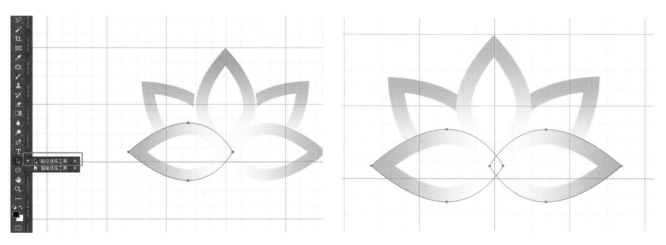

图 7-24

步骤九：点击"短花瓣 2"图层的图层蒙版缩览图，然后点击【画笔工具】，用黑色画笔在图层蒙版中涂抹，删除花瓣交接的部分，如图 7-25 所示。

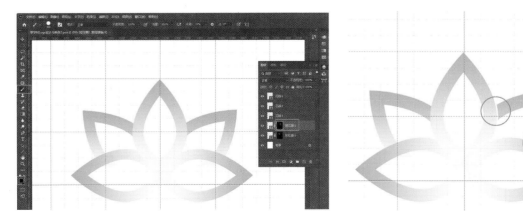

图 7-25

用同样的方法，在"短花瓣 1"图层中删除花瓣交接的部分。给"花瓣 3"图层添加图层蒙版，并删除花瓣交接的部分，如图 7-26 所示。

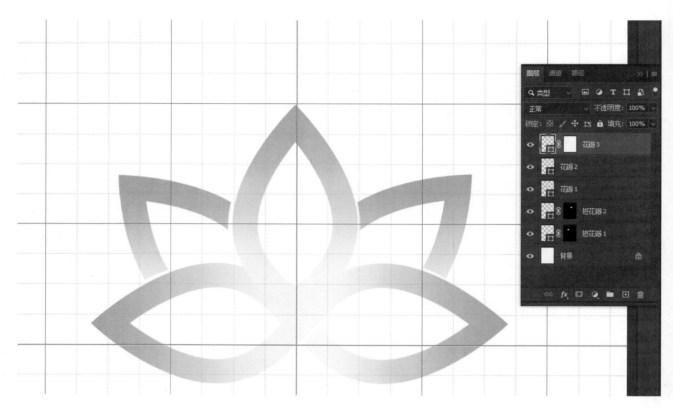

图 7-26

步骤十：点击工具栏【圆角矩形工具】绘制出三个圆角矩形作为莲叶。第 1 片叶子左边色标滑块颜色为 #daded7，右边色标滑块颜色为 #95baa7。第 2 片叶子左边色标滑块颜色为 #9dbeac，右边色标滑块颜色为 #8bb5a0。第 3 片叶子左边色标滑块颜色为 #4f7562，右边色标滑块颜色为 #2f4f40。最终效果如图 7-27 所示。

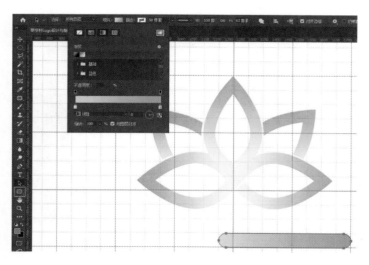

图 7-27

步骤十一：用【钢笔工具】在 3 个圆角矩形交界处绘制图形。模仿莲叶的颜色，进行颜色渐变。可用【颜色吸管工具】提取莲花根部的颜色，让整体渐变更加和谐。调整 3 个图层位置，放置于圆角矩形图层下方。最终效果如图 7-28 所示。

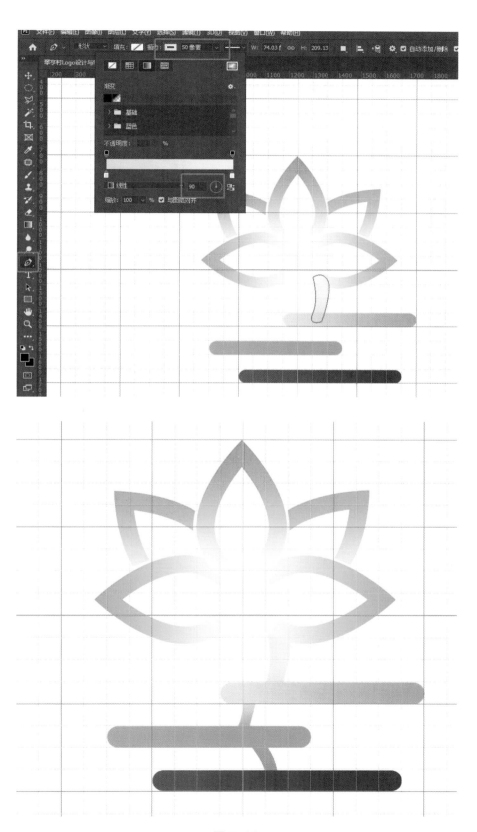

图 7-28

项目
七

实战应用篇

步骤十二：点击工具栏【文本工具】输入文字，"中山 翠亨"字体为方圆孙中山行书，字体大小为 60 点，字距为 200。"ZhongShan CuiHeng"字体为思源黑体，字体大小为 12 点，字距为 300。"伟人孙中山故乡"字体为思源黑体，字体大小为 15 点，字距为 900。具体如图 7-29 所示。

步骤十三：导入蜻蜓素材（图 7-30），调整图像大小和方向，放置在文字中间，最终效果如图 7-31 所示。

图 7-29

图 7-30   图 7-31

三、学习任务小结

本次学习任务学习了 logo 的不同表现形式和设计流程，通过案例制作练习，同学们已经初步并掌握了 logo 设计方法与步骤。在实际工作中，我们经常会遇到 logo 设计，后期还需要同学们多加练习，通过练习巩固操作技能。

四、课后作业

（1）每位同学分别为自己的家乡绘制 2 个 logo 草稿，并选择其中一个使用 Photoshop 绘制出来。

（2）给设计的 logo 编写设计说明。

扫描二维码
获取本书拓展资源

项目
七

实战应用篇

参考文献

【1】Andrew Faulkner, Conrad Chaves.Adobe Photoshop CC 2017 经典教程 (彩色版)【M】.王士喜,译 . 北京：人民邮电出版社，2017.

【2】Andrew Faulkner，Conrad Chaves. Adobe Photoshop CC 2018 经典教程（彩色版）【M】.罗骥，译 . 北京：人民邮电出版社，2018.

【3】李金明，李金蓉 . 中文版 Photoshop CC 完全自学教程【M】. 北京：人民邮电出版社，2014.

【4】数字艺术教育研究室 . 中文版 Photoshop CC 基础培训教程【M】. 北京：人民邮电出版社， 2020.

【5】时代印象 . 中文版 Photoshop 淘宝美工设计完全自学教程【M】. 北京：人民邮电出版社，2016.

【6】崔维响，步英雷 . Photoshop CC 2019 图像处理实例教程【M】. 北京：清华大学出版社，2020.

【7】邓红根，李伟 . Photoshop 摄影后期调色思维与实践【M】. 北京：人民邮电出版社，2020.

【8】创锐设计 . Photoshop CC 实战从入门到精通【M】. 北京：机械工业出版社，2018.

【9】唯美世界，瞿颖健 . 中文版 Photoshop 2020 从入门到精通【M】. 北京：水利水电出版社，2020.

【10】凤凰高新教育 . 中文版 Photoshop CS6 完全自学教程【M】. 北京：北京大学出版社，2019.

【11】曹茂鹏 . Photoshop CC 中文版 UI 界面设计自学视频教程【M】. 北京：清华大学出版社，2020.

【12】水木居士 . Photoshop 移动 UI 界面设计实用教程（全彩超值版）【M】. 北京：人民邮电出版社，2016.

【13】创锐设计 . Photoshop CC 移动 UI 界面设计与实战【M】. 2 版 . 北京：电子工业出版社，2021.